地球の変動はどこまで宇宙で解明できるか

太陽活動から読み解く地球の過去・現在・未来

宮原ひろ子

DOJIN文庫

まえがき

「宇宙気候学」という言葉ができたのはまだごく最近のことです。

地球からもっとも遠い宇宙を旅する探査機「ボイジャー1号」は、1970年代後半の旅立ちの直後に、暗闇に青白く光る小さな地球の姿「ペール・ブルー・ドット」を写真にとらえました。その画像は、地球が確かに、広大な宇宙に無防備に置き去りにされた小さな天体であることをはっきりととらえています。もし宇宙でダイナミックな変動が起こったり、あるいは非常にエネルギーの高い危険な現象が頻発したら、地球に重大な影響を与えてもおかしくないように見えます。

しかしそういった、地球が宇宙とつながっていて宇宙からの影響を受けているという視点で地球の変動をとらえようとする試みが本格化したのは、ここ20年ほどのことです。宇宙がどうやって地球に影響するのか、話はそれほど簡単ではなかったのです。ダイナミックに変動する宇宙も、地球に与える光のエネルギー量という観点で考えると、本当にわずかな影響力しか持たないのです。

私たちに身近な宇宙現象といえば太陽の活動が真っ先に挙げられますが、一見活動のアップダウンが激しい太陽も、放出する光量の変化だけを見るととても安定しています。そのため、地球に影響しうるようには見えないわけです。そういうこともあって、地球はひとつの閉じた存在で、地球で起こる出来事や変動のほとんどすべては地球自身が持つリズムに原因があるのだとする視点が、地球科学では長らく支配的でした。

そんな中、1997年にデンマークのフリス・クリステンセンとヘンリク・スベンスマルクは、宇宙から地球に降り注ぐ放射線の量が地球の天気を支配しているという斬新な論文を発表しました。宇宙にはたくさんの恒星が存在し、私たちが住む天の川銀河だけでも2000億個以上の恒星が存在しています。そのうちの比較的重たい恒星は、死を迎えると大爆発を起こし、粒子を加速します。それらの粒子は宇宙を飛び交い、地球にも飛んできています。スベンスマルクたちが発表したのは、そのようにして地球に飛んでくる高エネルギーの粒子（＝放射線）が、大気中の水蒸気を雲粒に発達させるうえで重要な役割を果たしているという説でした。雲は、光を強く反射する性質を持っていますので、地球をおおう雲の量が増えると太陽光が宇宙空間に跳ね返される割合が高くなり、地上の天気が大きく左右されます。彼らの発見は、地球が宇宙と地続きになっていて、天気すらも宇宙とは切り離して議論できないということを意味していました。

実は、すでに1960年代には、一部の研究者が、宇宙から飛んでくる放射線（すなわち宇宙線）が、地球の雲に影響する可能性を指摘していました。しかし目に見える形でデータが示されたのは、1997年のスベンスマルクらの論文が初めてでした。雲の量は人工衛星にカメラを載せて宇宙から観測します。とはいえ、人工衛星で地球全体の雲の量を測るというのは非常に難しく、いくつもの難題がつきまといます。地球を上空から見ているので雲の面積（被覆率）は正確にわかりますが、雲の厚みや総量はなかなか正確には測れません。さらには、人工衛星が年々劣化してしまうような影響をどう考慮するか、また、いくつかの人工衛星で観測を引き継ぎながらデータを取得したときにどのようにしてデータを継ぎはぎしていくかなど、難しい問題が尽きません。

本当に地球の雲の量は宇宙線の量によって決まっているのか、いまも議論が続いています。スベンスマルクらが論文を発表した当時は、宇宙線の影響どころか、太陽の活動が地球に影響しているという議論すらも、サイエンスとして確立されていませんでしたので、宇宙線の影響に関してはなおさら議論が進みませんでした。

その一方で、気候の歴史を調べる「古気候学」の分野からは、宇宙と地球の密接なかかわりを示唆するデータが次々と得られてきており、ここ10年で状況は大きく変わりつつあります。地層や樹木などを使って宇宙と地球の歴史を調べていくという研究は、化学分析技術の向上によって急速に前進しています。地層の縞々《しま》の年代をより正確に決めることができるようになったり、あるいはより細かい年代ごとに精度のよいデータを取得できるようになったことで、太陽と地球、あるいは宇宙と地球との密接な関係について、より長い期間にわたってくわしく議論できるようになりました。長い歴史をたどることで、過去に起こったスケールの大きな激しい現象を手がかりとして、宇宙の影響を見ることができるわけです。そのような研究から、地球の変動と宇宙現象のつながりを示すデータが数多く得られてきています。それによって、両者の関係性は少しずつ確信へと変わりつつあります。

このように、地球と宇宙との関係性についての議論が大きく前進し始めた最中、太陽が200年ぶりともいわれるほどに活動の低い状態を迎えました。現在、太陽物理学の観点からも、そして宇宙気候学の観点からも、特別な時期を迎えています。太陽は身近な星でありながら、その活動がなぜ変動するのか、そして、どのような規則性を持っているのか、ということがいまだによく理解されていないのです。太陽の変動が、どのように、どれくらい地球に影響を与えるのかについても、多くの謎が残されています。しかし私たちはいま、200年に1度ともいえる太陽の特別な状態を目撃するチャンスにあります。今後10年間で、未解明の多くの謎が解明されていくことでしょう。

いま宇宙気候学で一番の謎は、宇宙から飛んでくる放射線がどのようにして雲の生成や成長に影響するのかという点ですが、その物理メカニズムについても、スイス・ジュネーブにある欧州原子核研究機構（ＣＥＲＮ）の大型加速器を使った実験や、スベンスマルクらが中心となって行っているデンマーク国立宇宙センターでの実験などで、本格的な研究が進んでいます。大気を模した気体を入れた容器に放射線を当てて、雲粒の種となる物質の生成を観察するという実験です。２０１１年にようやく本格的な実験の成果が得られ始め、宇宙気候学は大きな一歩を踏み出しました。大気中には、水蒸気だけではなくさまざまな複雑な分子が多数存在していて、それらが雲の素となっています。その中には、生命活動や人間活動によって増えるような成分も含まれています。そのような大気に宇宙から放射線が降り注いだらどうなるか、その過程は今後の研究で着実に明らかになっていくことでしょう。すべてが明らかになり、天気予報や気候予測に反映できるようになるまでにはさらに時間がかかりそうですが、ようやくその目標への道筋が見え始めています。

宇宙気候学は、非常に多くの分野にまたがる巨大かつ複雑なジグソーパズルのような分野ですが、宇宙に目を向け、そのピースを少しずつ埋めていくことで地球の未解決の問題がすっきりと解けるかもしれません。本書でその面白さと大いなる可能性に思いを馳《は》せていただけたらと思います。

地球の変動はどこまで宇宙で解明できるか　目次

第1章

変化する太陽

宇宙にも天気ってあるの？

一　太陽とはどのような星か

恒星の進化

　宇宙に存在する天体はすべて、宇宙ができた初期の頃に存在していたごくわずかな密度のゆらぎを種に、物質が集まり成長したものです。密度が少し高い部分があったとすると、重力的な作用によって、その密度が高い部分にまわりの物質が引き寄せられていきます。すると、まわりの物質をさらにかき集めるだけの重力を獲得します。このようにして、密度が高い場所に、連鎖的に物質がどんどん集まり、さらに密度が高い場所へと成長していきます。これが恒星や恒星のまわりを回る惑星、そして、恒星が数千億個も存在する銀河や、銀河がたくさん集まっている銀河団などの宇宙の構造の素となっていきます。

　物質が十分に集まり、それが自分自身の重みで内側に向けて収縮して密度と温度が高まると、内部で「核融合」が始まります。「恒星」と呼ばれる、自ら光る星の誕生です。集まった物質の量に応じて大きさが決まり、そして明るさや温度（すなわち色）が決まります。主系列星と呼ばれる大人の恒星では、質量が大きい星ほど明るくなり、また温度が高いために青白い色になります。質量が小さい星は暗く、温度が低いために赤っぽい色となります。

恒星が生まれ、その内部で核融合が起こることで、さまざまな元素が合成されていきます。宇宙誕生直後に存在した元素は、水素とヘリウム、そしてごくわずかなリチウムだけでしたが、恒星の内部で起こる核融合で、それよりも重たい元素が次々に合成されていき、原子番号が26の鉄までの元素がつくられます。星が進化し歳を取ると、太陽の8倍以上の質量を持つ重たい恒星は、膨張して表面温度が下がり赤色巨星となったあと、死を迎えるときに「超新星爆発」と呼ばれる大爆発を起こします。そのときに、温度が超高温となり、恒星内部での核融合ではつくられなかった鉄よりも重たい元素が次々につくられるのです。そして、爆発の衝撃でまき散らされた元素は、また次の恒星や惑星を生み出す材料物質となってリサイクルされていきます（図1－1）。軽い星も、歳を取ると膨張して温度の低い赤色巨星となり、やがてガスとなって宇宙空間に広がっていきます（惑星状星雲）。そしてこちらも同じように次の星を生み出す材料となります。

太陽系の惑星や衛星に存在する物質がバラエティーに富んでいるのは、かつて重たい恒星が存在し、それが死んだときの大爆発でさまざまな元素がつくられ、そしてそれらが集まって太陽系ができたからです。宇宙における物質の成分の変化は、恒星の進化と密接に関係しているのです。地球上に存在する生命ももちろん、恒星の進化に

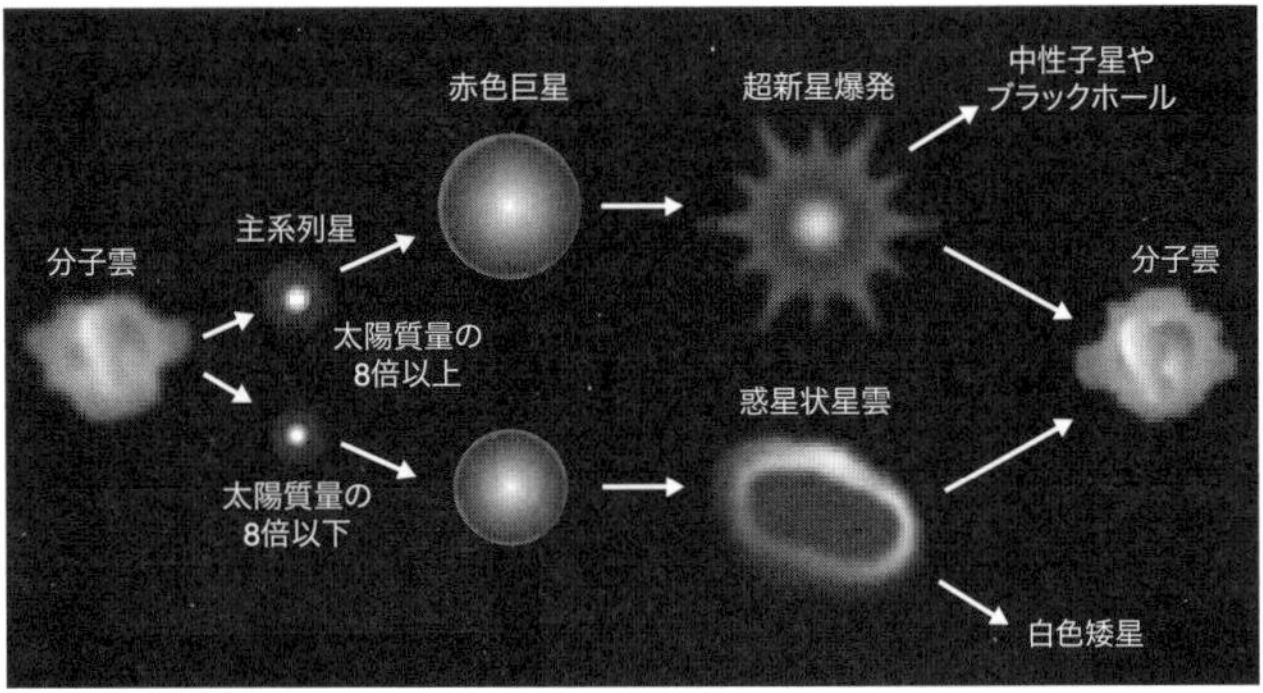

図1-1　恒星のライフサイクル　塵などが集まる分子雲から恒星が生まれ、安定的に核融合を起こす主系列星を経て、燃料を使い果たし始めると赤色巨星となる。燃料を使い果たした恒星は超新星爆発を起こしたり惑星状星雲となり、その物質が次の世代の恒星や惑星の材料となる。

よってつくり出された元素が材料となっています。

宇宙には、さまざまな重さの恒星が存在しています。太陽を基準にして考えてみると、太陽の数百倍程度の重さのものから、8%程度の軽い恒星までが確認されています。太陽の8%というのが核融合を起こすために必要な、つまり恒星となるのに必要な最低限の重さです。太陽の質量の8%よりも軽い星は、核融合を起こすのに必要な質量に足りず、恒星になり損ないます。太陽の質量の8%は、太陽系最大の惑星である木星の80倍の質量に相当します。太陽は、大きすぎず小さすぎず、宇宙にありふれたごく平均的な恒星のひとつといえるでしょう。

太陽がつくり出すエネルギー

　恒星の内部でつくられるエネルギーは、恒星のまわりを回る惑星を温めます。恒星が放出するエネルギーの量が、それぞれの惑星の環境を決める一番大事な要素になります。太陽の主成分は水素とヘリウムの気体で、太陽の中心核（図1－2）で四つの水素の原子核がヘリウムの原子核になる核融合反応によってエネルギーをつくり出しています。水素の原子核、すなわち陽子が四つ融合すると、水素四つよりも少しだけ質量の軽いヘリウムがひとつつくり出されます。そのときわずかに質量が減少した分が、エネルギーとして放出されます。

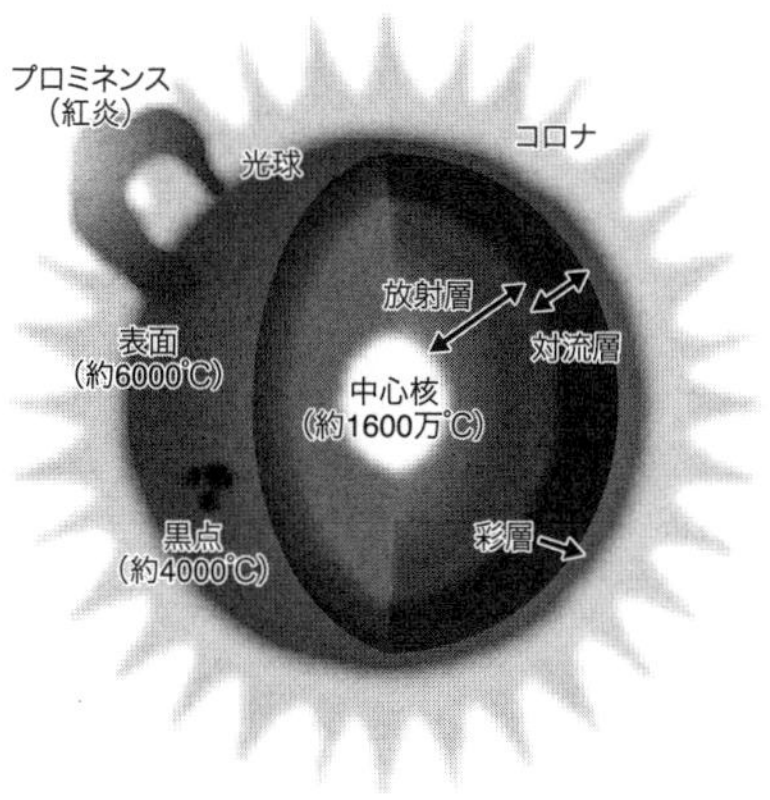

図1－2　**太陽の内部構造**　核融合によってつくられたエネルギーは、まず放射によって外側へと伝搬し、対流層を温める。対流層では、その熱によって物質の大循環が起こっている。

　生成されたエネルギーは、光として徐々に外側に伝わります。太陽半径にして内側から7割のところまでが「放射層」と呼ばれています。高密度の水素やヘリウムの原子核によって光が吸収されたり再放射されたりを繰り返しながら

図1-3　ひので衛星がとらえた太陽表面の粒状斑　対流によって熱い物質が表面に持ち上げられ、そこで冷やされた物質がふたたび内部に下降することによって模様ができる。提供：国立天文台／JAXA

徐々に外側へと伝わるため、太陽の中心でつくられたエネルギーが外側に排出されるまでには数十万年以上かかります。このようにして伝わったエネルギーによって、太陽の外側3割を占める「対流層」が温められます。対流層の中では、火にかけた鍋の中でお味噌汁が対流するときのように、温められた物質自体が表面に押し上げられ、そして表面で冷やされるとまた内部に下降する、といった大循環が起こっています。こうして、対流層の底から表面にエネルギーが伝わり、太陽の表面は約6000℃の温度となっています。

対流層で物質の大循環が起こっていることは、太陽表面に現れる「粒状斑」という模様によって知ることができます。縦に伸びたいくつもの細長い対流のセルが対流層にひしめきあっていて、その上端の部分だけが表面に顔を出している格好になっています。2006年に日本が打ち上げた太陽観測衛星「ひので」は、高解像度のカメラでこの粒状斑がうごめく様子を世界で初めて詳細にとらえました（図1－3）。太陽活動の度合いがなぜ時間とともに変化するのかといった謎を解くうえで、こういったガスの動きが重大なカギを握っている可能性があることもわかってきています。何十万年もかけてゆっくりとエネルギーが伝わっている放射層では、状態が数年あるいは数十年といったスケールで大きく変化するとは考えにくいので、太陽の表面で起こっているさまざまな現象の時間的な変動は、対流層の何らかの変動に原因があると考えられています。

惑星を温める太陽のエネルギー

約6000℃に温められた太陽の表面からは、光というかたちでエネルギーが宇宙空間に放出されます。太陽と地球のあいだの空間には、物質がほとんどありませんので、熱が鉄の棒を伝わるときのような感じで、何らかの物質中を伝わりながら地球までやってくる、というわけにはいきません。地球は太陽のエネルギーを光というかたちで受け取っているのです。太陽から届いた光は、地面などの物質に当たって初めて熱のエネルギーに変換されます。温められた地面は赤外線を放出し、その熱で大気は温められています。

惑星が生命を育むのに適した温度になるかどうかは、太陽がどれくらいエネルギーを放出しているか、そして惑星が太陽からどれくらい離れているか、さらにその惑星が太陽からの熱をどれくらい受け取り熱に変換するかによって決まっています。熱がどれくらい宇宙に逃げにくい状態かという要素も重要で、これは大気中にどれくらい水蒸気やメタンなどの温室効果ガスがあるかによって変わってきます。太陽系では、水星・金星・地球・火星・木星・土星・天王星・海王星という八つの惑星が太陽のまわりを回っていますが、もしその八つの軌道上に地球を置いたとすると、火星よりも外側では水が凍ってしまいます。あるいは金星よりも内側では熱すぎて生命が住むのに適しません。第三惑星である地球のあたりがちょうど、生命を育むのに適した住み心地のよい場所となります。第5章にくわしく書きますが、これが「ハビタブルゾーン」という概念です。

磁場を持つ太陽

このように、惑星がほどよい気温を保てるかどうかは、太陽が放出する光の量と太陽からの距離で決まります。けれども、その心地よさがわずかに変わるということが、太陽の状態が刻々と変化することによって起こってくるわけです。それを研究対象にしているのが宇宙気候学です。太陽の表面の状態が変化すると、太陽が放出する光の量がわずかに変化したり、波長が短くエネルギーの高い光の量が増えたり、あるいは、

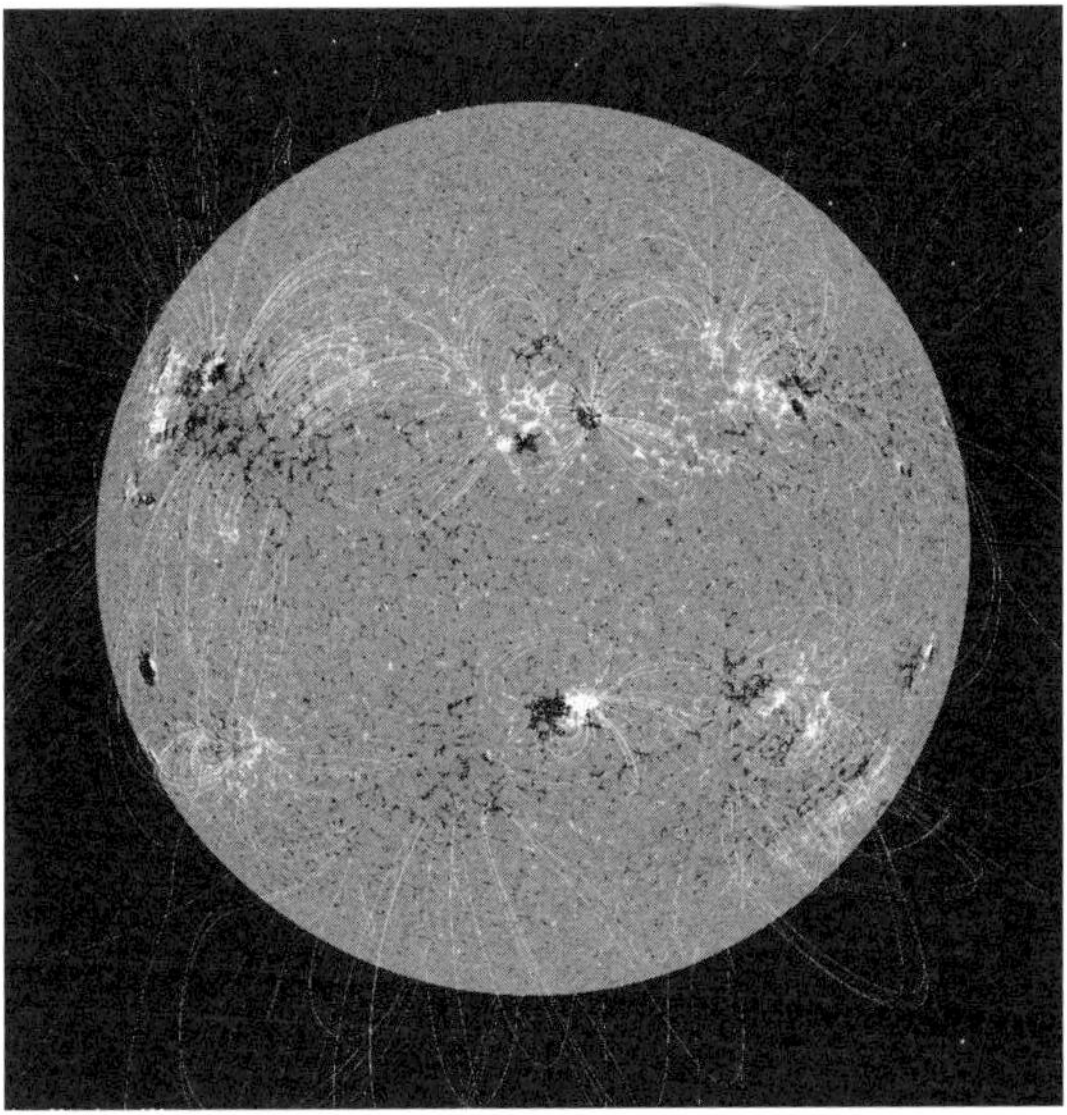

図1-4　太陽から伸びる磁力線の様子　太陽活動が活発化するほど多くの磁力線が内部から表面に運ばれ、構造も複雑になる。提供：NASA

粒子の量が増えたりといったことが起こります。

こういった太陽表面の状態を大きく変えてしまう原因が、太陽表面に現れては消えてを繰り返しながらも常に存在している「磁場」の力です。太陽は図1-4にあるように、自分のつくり出す複雑な構造の磁力線におおわれた〝磁場の星〟なのです。太陽の対流層で起こっている大循環が、放射層から太陽表面に熱を運ぶという作用のほかにもうひとつ、磁場をつくり出すという重大な役割を果たしているのです。対流層での物質の移動が磁場をつくり出し、それが太陽の表面に現れてはさまざまな現象を引き起こします。太陽から放出される光の量を変えたり、そして表面から吹き流される「太陽風」と呼ばれる粒子と磁場の風の状態を決めたりしているのです。そして、地球の住み心地に変化を与える駆動源となっているのです。くわしくは次節で見ていくことにします。

二　黒点とは

太陽の自転と黒点の生成

太陽の表面は非常に強い磁場におおわれています。核融合によってつくられたエネルギーで対流層が温められ、ガスの運動が引き起こされることによって磁場の変動が起こります。一番簡単な磁場のつくり方は、環状の電流をつくることです。すると、その環と垂直な方向に磁力線がつくられます。太陽の場合は、もう一段複雑なしくみになっていて、南北方向へ垂直に伸びる磁場を、自転によって体に巻き付けたり、それを解消してまた南北に伸びる磁場に戻したり、ということが起こっています（図1−5）。

太陽は、約27日の周期で自転していますが、赤道と極で回転の速度が違う「差動回

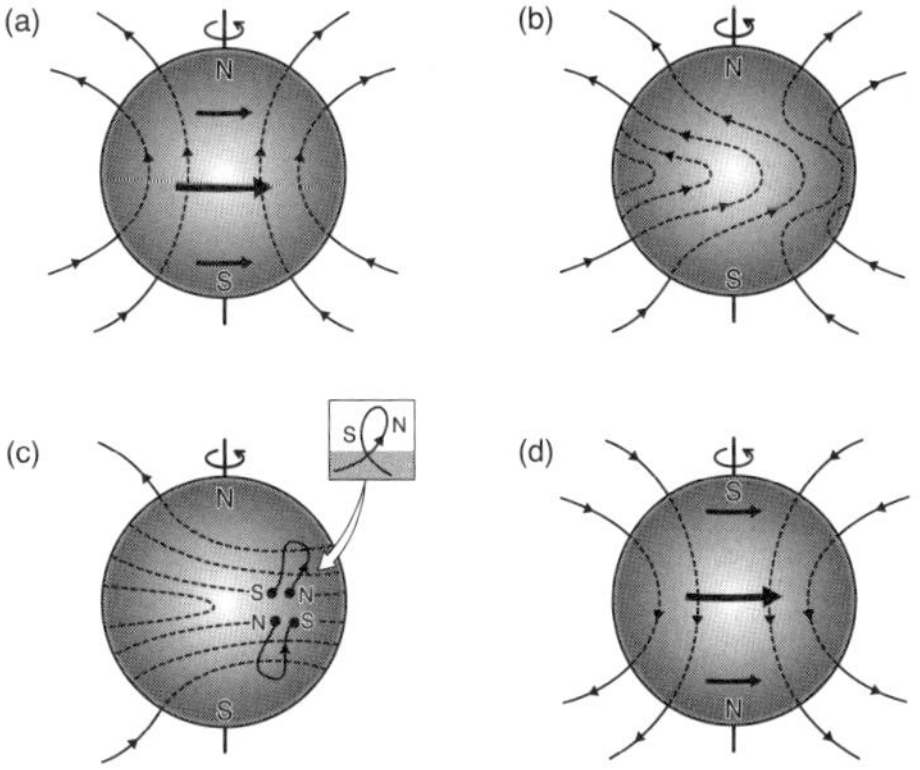

図1-5　太陽での磁場のリサイクルの様子　南北の方向に垂直に伸びる磁場（a）が自転によって東西方向に巻き付き（b）、その磁場が浮上することによって黒点がつくられ（c）、それが南北方向に運ばれることによってふたたび南北に伸びる磁場に戻る（d）。

転」と呼ばれる自転になっています。赤道が速く自転することで、磁力線が赤道のあたりに何重にも巻き付いていくということが起こります。すると、何重にも巻き付いた磁場は次第に不安定になって浮力を持ち、表面に浮上して、それが黒点となって現れるのです。磁力線がリボン状に浮上するために、リボンの2カ所が太陽表面とクロスする格好になります（図1－6）。強い磁力線が太陽表面を貫くその付近では、強い磁場が周辺の熱いプラズマの流入を阻むので、少し温度が低くなります。それが暗い点となって見えるというわけです。ですから、黒点はおおざっぱにはふたつのペアとなって現れま

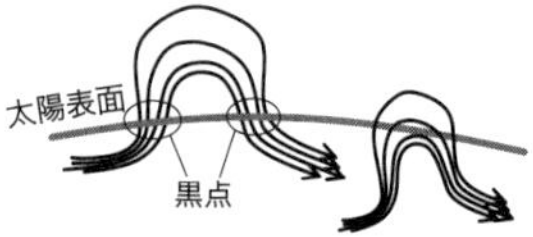

図1－6　浮上してきた磁場が太陽表面にクロスした２カ所が黒点となる　この図の場合では、左側の黒点がＮ極となり右側がＳ極となる。

す。片方がN極、片方がS極です。黒点をつくる磁力線の束は次第に広がって弱くなり、黒点は消えていきます。このとき黒点をつくっていた、太陽表面をつらぬく磁力線の一部が極のほうに運ばれて、ふたたび南北に伸びる磁力線になります。

　このように太陽は、あたかも棒磁石のように南北方向へ磁力線を伸ばしたり、それを自転によって自分自身に巻き付けて低緯度の黒点に変化させたり、あるいは黒点を解消して極に戻したりと、磁場のリサイクルを繰り返しているのです。このリサイクルは、黒点数のアップダウンとして見ることができます（図１－７）。そのしくみは完全には解明されていませんが、太陽の表面に現れる黒点数の変動には「11年周期」と呼ばれる周期的な変動があり、黒点の数が約11年の周期で増えたり減ったりしています。黒点数の求め方には決まりがあって、黒点群（黒点は数個ずつまとまって現れることが多く、黒点群と呼ばれています）の数に10を掛けたものと、黒点の数を足すことになっています。その数が、多いときには年間の平均値にしておよそ２００程度となり、少ないときは10以下にまで減少します。

　黒点は、棒磁石のあちらこちらに小さな磁石の粒がくっついているようなものです。

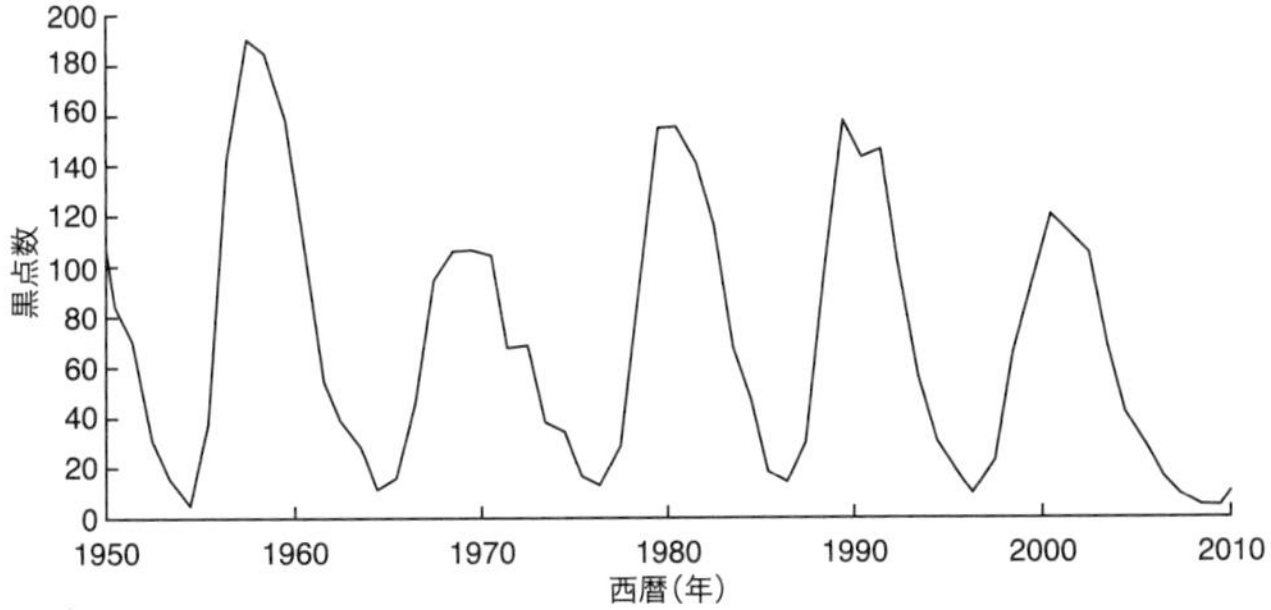

図1-7　1950年以降の太陽黒点数の年平均値　約11年の周期で増減している。WDC-SILSOのデータをもとに作成。

黒点が少なく、太陽の磁場が極に集中しているときは、太陽から伸びる磁力線は棒磁石のまわりに鉄粉をまいたときに現れる磁力線の形のように、きれいな双極子型をしています。地球が持つ磁力線の形も比較的きれいな双極子型になっています。ところが太陽の場合は、黒点が増えてくると、太陽表面の磁場が複雑にうねったような構造になってきます。この複雑な構造の磁場が互いに影響し合うことで、「太陽フレア」（後述）に代表されるさまざまな現象を太陽表面で引き起こします。つまり黒点の有無が、太陽表面の状態、太陽周辺の宇宙環境、そして地球にまで、さまざまな影響を及ぼすことになるのです。黒点が増えて太陽表面での活動が活発になるこの状態の年を、「太陽活動の極大期」と呼んでいます。逆に黒点数が少なく、太陽表面での突発的な現象が少なく穏やかな年を「太陽活動の極小期」と呼んでいます。

図1-8　皆既日食時に光の筋として見ることのできるコロナの構造　左は2009年7月に北硫黄島沖で撮影された太陽活動極小期のコロナ構造。右は2012年11月にオーストラリア・ケアンズで撮影された太陽活動極大期のコロナ構造。提供：下条博美

太陽表面から伸びる磁力線の形の面影は、皆既日食のときに太陽のまわりにうっすらと現れる光の筋としても垣間見ることができます（図1-8）。黒点が多いときは、ヒマワリの花びらのように幾重もの細い光の筋が全方向に広がります。黒点が少なく磁力線が双極子型に伸びているときは、南北方向にのみはっきりとした細長い光の筋が伸びているのを確認できます（図1-8左の場合では、右上と左下の方向が南北に相当します）。日食の写真はそのときの太陽の状態を知る手がかりにもなるのです。

太陽活動の長期的な変化の謎

太陽活動はなぜ11年周期なのか、そもそもなぜ太陽活動に周期性があるのか、といったことはまだ解明されておらず、太陽物理学の

大問題となっています。ですが、それよりもさらに大きな問題は、太陽の表面の磁場の強さがそのときどきで大きく変わるということです。11年周期にともなって極小では黒点数がほぼゼロになり、極大では黒点数が増えますが、問題は極大のときの太陽の状態がいつも同じとは限らないという点です。黒点数は極小から4〜5年ほどかけて徐々に増えるものの、いつも同じ数に回復してくれるとは限りません。月平均数にして200程度になることもあれば、その半分程度になってしまうこともあります。黒点をつくる磁力の素は、4〜5年前にさかのぼったとき、つまり11年周期の極小のときに南北の極を貫いていた磁力線ですから、それが弱くなれば、黒点の数も減る傾向にあるということはわかってきています。でも、なぜ南北の極を貫く磁力線の強さは変わってしまうのでしょうか。

太陽の内部で核融合によってつくられるエネルギーは、太陽の進化を数億年単位で追えばもちろん変化していますが、数年の単位では変化していません。非常にゆっくりとエネルギーが外側へ運ばれる放射層で、11年という短時間で何かががらりと変わってしまうとも思えません。放射層に温められている対流層のどこかで、何らかの変化が起こっているはずなのです。

黒点の形成に重要な役割を果たしているのが、前述した約27日で1回転する太陽の自転ですが、もうひとつ黒点数の変化に重要な影響を与えている可能性のある要素があります。それは、「子午面循環」と呼ばれるもので、南北方向へのゆっくりとしたガスの循環です。赤道付近から高緯度へとガスが運ばれ、南北の極域で沈み込んでいます。そして、対流層の下のほうではガスが低緯度側へと運ばれています。自転によってつくられた磁力線がどのように運ばれるか、そしてどのくらいの磁力線が解消されるか、という点に、このガスの循環が関係していると考えられています。太陽の自転はある程度一定しているのですが、南北方向の循環はゆるやかに変化している可能性があり、それが、太陽の活動が変わる一因である可能性があります。とはいえ、なぜ太陽の内部での循環が変わってしまうのか、という問題は残されたままです。

三　マウンダー極小期の謎

マウンダー極小期の発見

太陽の活動はどれくらい変わりうるのでしょうか。その問いに対する答えの手がかりは、17世紀初頭にまでさかのぼる、手書きの黒点の記録から得ることができます。今日では太陽望遠鏡を搭載した人工衛星によって超高解像度の太陽表面の画像が得られるようになり、日々太陽が違う顔を見せている様子が手に取るようにわかります。しかし長期的な変化は、人工衛星のデータだけでは知ることができません。もちろん、人工衛星による本格的な観測から得られるほどの情報量はありませんが、手描きの黒点の記録からはより長期的な太陽の変化の様子を知る手がかりが得られます。

17世紀初頭の黒点の記録は、太陽表面のスケッチという形で残されており、ガリレオ・ガリレイやヨハネス・ハヴェリウスなどが残しました。「ガリレオ・プロジェクト（The Galileo Project）」のウェブサイトでスケッチの一部が公開されています（図1-9）。日付とともに克明に記された黒点からは、太陽の活動が刻々と変化している様子を伺い知ることができます。スケッチを日付に基づいて並べていくと、太陽が当時も変わらず約27日の周期で自転していたこともわかります。

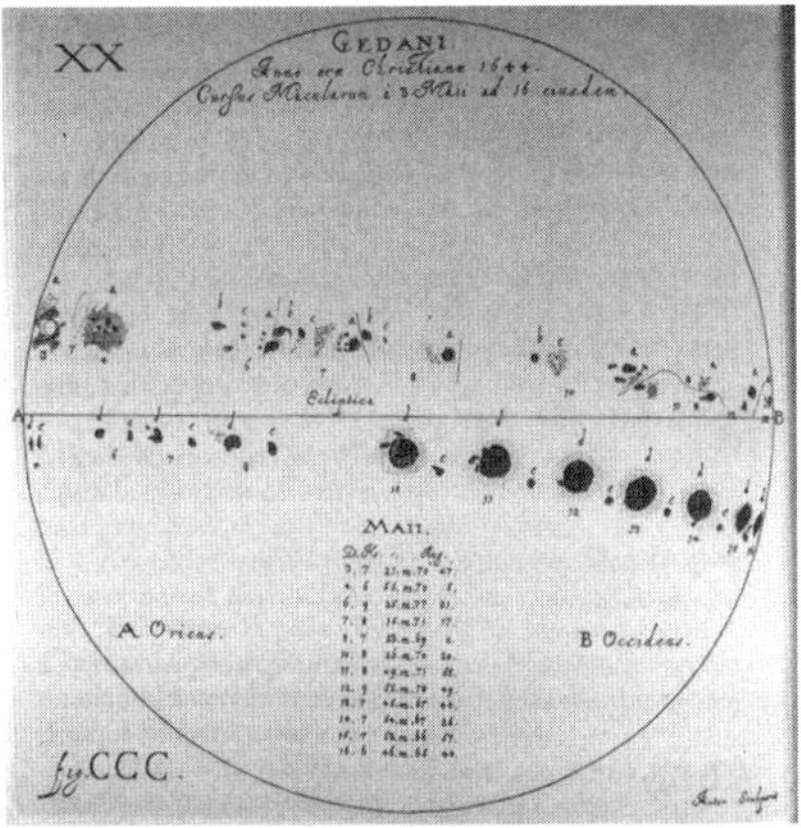

図1-9　ハヴェリウスによって残された太陽黒点のスケッチ　http://galileo.rice.edu/sci/observations/sunspots.html より。

黒点の11年周期が発見されたのは1842年のことです。ハインリッヒ・シュワーベが発見し、1843年に論文を発表しました。黒点の観

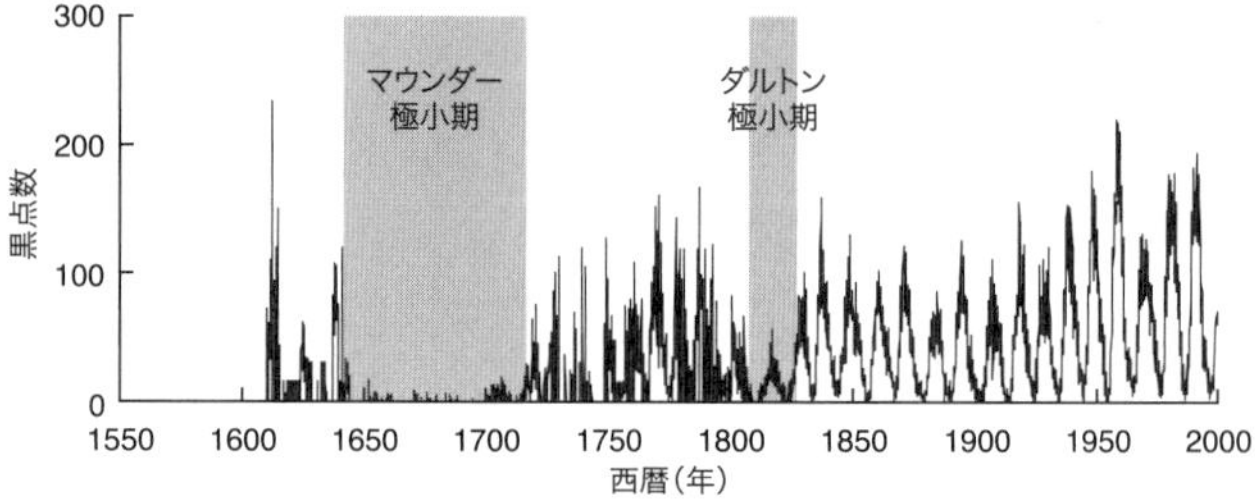

図1-10　黒点数の記録から発見されたマウンダー極小期と呼ばれる黒点消失期　Hoyt & Schatten, 1998 のデータをもとに作成。

測が17世紀には始まっていたことを考えると、11年周期の発見は遅いようにも感じられます。実は17世紀に黒点の観測が始まってすぐの頃、太陽物理学において現在でも解明されていない重大な出来事が起こっていたのです。それが「マウンダー極小期」です。現在では、黒点数のピークの大小が多少あっても継続的に11年周期のサイクルが続いていますが、マウンダー極小期では、70年にわたって黒点が姿を消しました（図1-10）。黒点が珍しく現れるとそれがニュースになるほどの異常な事態でした。１６４５年頃に始まったこのマウンダー極小期は、１７００年頃にようやく終焉の兆しを見せ始め、１７１５年頃に終わりを迎えます。

　この出来事の重要性に気づき１９７６年に論文にまとめたのが、コロラドにあるアメリカ大気研究センターで太陽物理学を研究していたジャック・エディです。けれども当時の研究者にしてみれば、太陽活動がそれほどまでにダイナミックな変化をすることは、説明しがたく、信じがたいことでしたので、最初は肯定的に受け入れられなかったようです。太陽の内部で起こっている核融合反応には、そのような短期間での変化があるはずがないからです。

小氷期の謎

エディはもうひとつ重大な指摘をしました。黒点数のアップダウンをたどっていくと、気候の変動とよく一致するというのです。たとえば、9世紀頃以降、中世と呼ばれる時代において起こっていたことが知られている温暖期が、太陽活動が活発で黒点がたくさん現れていた時期に重なっていたり、それ以降の度重なる寒冷期が太陽活動の低下のタイミングと非常によく一致していたのです。くわしくは第2章三節で述べますが、太陽活動は9世紀頃から13世紀半ばにかけて、非常に活発な時期を迎えました。この時期は「中世の太陽活動活発期」と呼ばれています。中世といえば、グリーンランドが発見された頃で、発見当時は緑におおわれていたことからその名前になったともいわれています。その後、徐々に寒冷化が起こっていきます。北ヨーロッパを中心に氷河が拡大した「小氷期」と呼ばれるこの寒冷化は、14世紀頃に始まり19世紀の初頭に終焉を迎えますが、ちょうど「オールト極小期」から19世紀初頭の「ダルトン極小期」までの、太陽活動が低調だった時期と重なっています。

しかし、太陽活動が気候に影響するという説も、なかなかすぐには受け入れられない状態が続きます。エディがマウンダー極小期を再発見したちょうどその頃は、米ソの宇宙開発競争が終わりを迎え、定常的な宇宙利用へと時代が変わり始めていたときでした。科学的な目的を持つ人工衛星が数多く打ち上げられ、その中で、太陽活動がどれくらい地球に影響を与えるか、すなわち、太陽の光はいったいどれくらい変化しているのだろうか、という観測も始まりました。

太陽の光は、大気によって強く散乱されてしまうので、地上からでは正確な計測が難しく、人工衛星が打ち上げられるまで確かなことはなかなかわかりませんでした。大気の状態が昨日と今日で変わってしまえば、大気が太陽の光を散乱する度合いも変わり、見かけ上太陽の光量が変わってしまいます。でも、いったん大気を飛び出して宇宙に出てしまえば、そのような影響から逃れて、太陽から地球に向けて放たれる光の量を正確に測定することができます。

一方で、大きな問題もひとつだけあります。人工衛星で太陽からの光量を測定する場合、人工衛星の寿命に対して太陽活動の周期が約11年と長いので、数年おきに人工衛星を打ち上げて、データの取得を継続していかなければなりません。けれども、個々の人工衛星の測定装置が持つクセなどによって、たとえば同じときに太陽からの光量を観測しても、データが同じ値にならない場合があります。光の量を計測するのはとても難しいのです。

ごく簡単に説明すると、観測装置は、内側を黒く塗った箱に窓がひとつついているような状態になっています。宇宙に打ち上げたあと、その窓が太陽の方向を向くように姿勢を制御します。そして遠隔操作で定期的に窓を開けます。窓を開けると、太陽の光が箱の中に入り、黒く塗られた箱の内面が太陽の光を吸収して温まります。そして、箱の内部がどれくらい温まるかによって光の量を推定するのです。太陽の光量が多いほど、箱の内部はより高い温度に上昇します。ところが、窓の形状などによって、どれくらい効率よく太陽の光が内部に導かれるか、というような条件がわずかに変わってきてしまうのです。

教科書などには、太陽から地球に向けて放出される光の量は、「太陽定数（Solar Constant)」として載っていますが、実はまだ厳密な数値はわかっていません。観測が始まった当初は、地球が受け取る量にして１平方メートルあたり約１３７４ワットという非常に高い値のデータが得られていたのに対して、次に打ち上げられた人工衛星のデータはそれよりも５ワットも低い値だったりしました。一番最後に打ち上げられた人工衛星による観測値は、約１３６１ワットとなっています。太陽活動のアップダウンにともなってどれくらい光量が変動しているかを知るには、一見バラバラに見えるデータから上手に情報を抽出する必要があります。

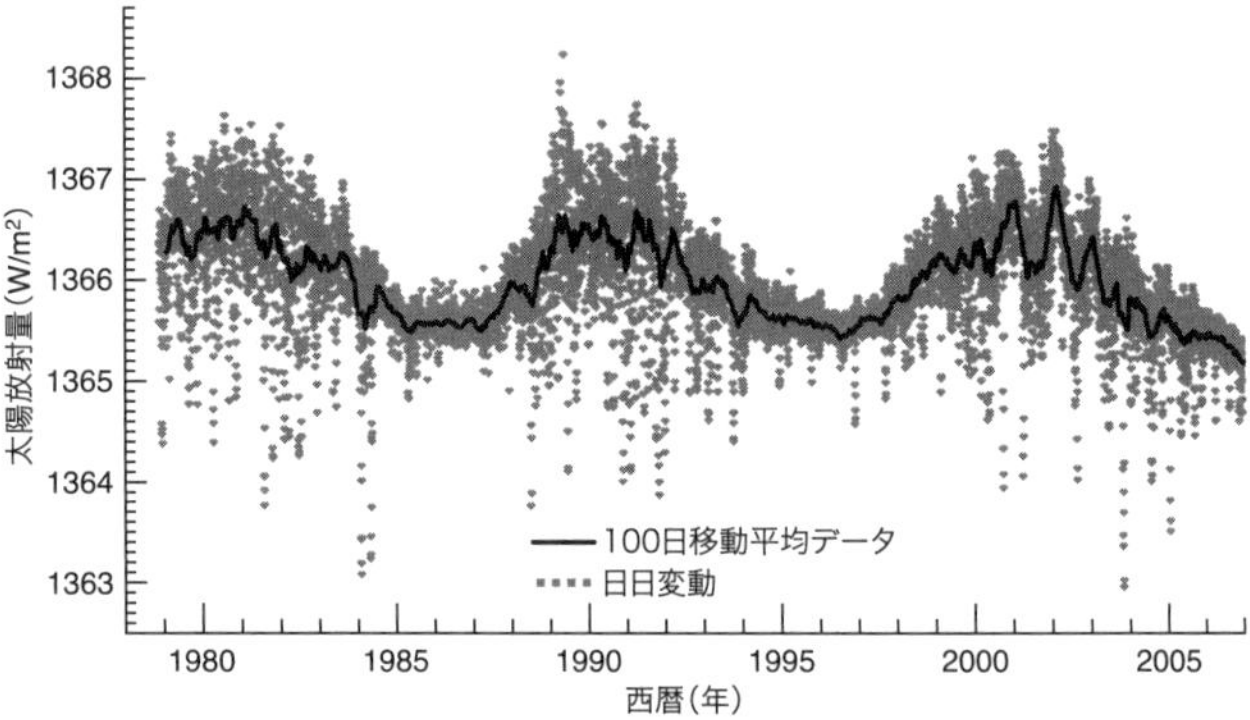

図1-11 **太陽放射量の変動** 灰色は日々のデータ。黒色は100日の移動平均データ。11年変動にともなう日射量の変動は0.1%程度である。出典:スイス・ダボス物理気象観測所

いくつもの人工衛星のデータの変動パターンを比較して、工夫しながらデータを継ぎはぎしていったものが図1-11です。継続的な観測によって、太陽からの光が11年周期とともに確かに変化しているということがわかりました。しかし、予想以上に小さいということもわかりました。つまり、太陽の明るさはとても安定しているのです。太陽の活動は11年周期で変化し、黒点の数はゼロのときもあれば200を超えるようなときもあったりしますが、それに対して、光の量はほとんど変わりません。

具体的な数値で見てみると、11年周期の中で一番光量が多いときと少ないときの差は、地球に届く量にして1平方メートルあたりたった1ワットです。光量が1ワット減ったとしても、地球の気温は約0・0

5℃しか下がりません。私たちが実感できるほどに気温を変えたり、あるいは目に見える規模で氷河を拡大させたり、というような変化を地球にもたらすには小さすぎる値なのです。このように、太陽光の変化があまりにも小さかったことで、太陽活動が気候に影響するという説はあまり重要視されなくなりました。

太陽の光量の変動

ここで、太陽が放つ光量の変化の原因について、もう少しくわしく見ておきます。太陽活動が活発になると太陽からの光量はわずかに増えますが、実は、とても複雑なプロセスの結果、そのようなことが起こっています。太陽の活動というのは、太陽内部でつくられた磁場がどれくらい表面に現れているか、と言い換えることもできますが、太陽の磁場が表面にたくさん現れると次のふたつのことが同時に起きます。

ひとつは、「黒点の増加」です。非常に強い磁場が束となって現れるため、その領域だけ周囲からの熱の流入が妨げられて黒く見えます。温度が低く暗いため、その面積のぶんだけ光の総量を減らす効果があります。太陽の活動が非常に活発になると、地球の何倍もの大きさの黒点が現れることがありますが、そうすると太陽光は大きく減ります。地球に届く量にして、たとえば1平方メートルあたり数ワットもの減少が起こったりもします（図1-12）。

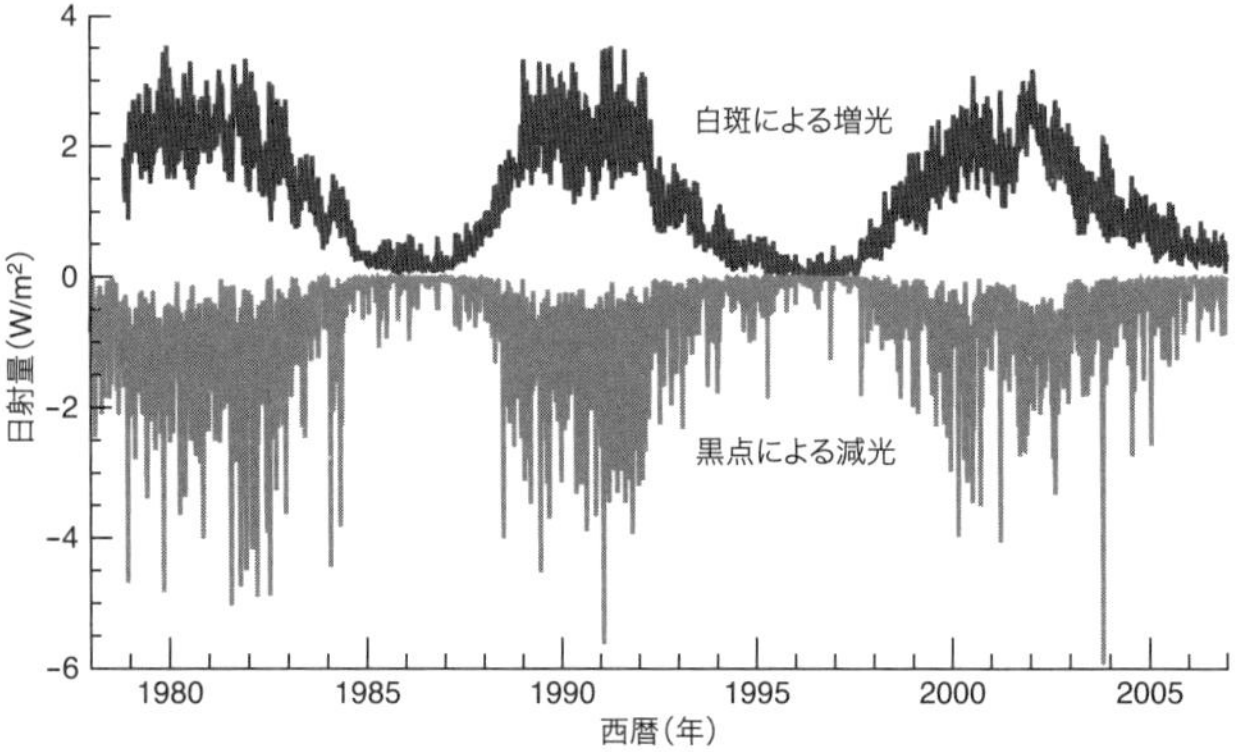

図 1 - 12　太陽表面に現れる白斑による日射量の増加と黒点による減光の大きさを別々に示したもの　黒点が太陽表面を横切ることで数日程度日射量が減るが、全体としては白斑による増光効果のほうが大きい。そのため、黒点が増える太陽活動の活発期に日射量が増える。Eddy, 2009 をもとに作成。

それだけであれば、太陽活動が活発になるほど太陽光が減る計算になりますが、黒点と同時に「白斑」と呼ばれる領域も増えるため、地球が受け取る光の量の変化は複雑になります。白斑は、黒点と同じように強い磁力線の束が太陽表面を貫いたものです。ただし黒点と違ってサイズが小さく、内部の強い光を効率的に表面に伝えることができる形状をしています。太陽の活動が活発になると、暗い領域の黒点が大きくなったり数が増えたりするのですが、同時に黒点を取り囲むように非常に明るい白斑がたくさん現れ、黒点によって光が減る以上に光量を増やすため、全体としては太陽が明るくなるのです。このようにして、地球が太陽から受け取る光の量は、太陽の活動に応じて増減することになります。

ここでさらにもうひとつ、地球が太陽から受け取る光の量の変動について、特徴をお話しておきます。それは太陽の自転によるものです。太陽は約27日の周期で東西方向に１回転します。地球から太陽を観測していると、黒点が太陽の東側（私たちから見て左側）から現れ、西側（同じく右側）に沈む様子が見て取れます。黒点が東側から現れる際は、地球からは正確な形は見ることができず、南北方向に細長い状態で観測されますが、地球から見て真正面の方向に移動してくるにしたがって、やがて本来の丸い形で観測できるようになります。そしてふたたび縦に細長く形を変えながら西側へ沈んでいきます。そのため、黒点が地球に対して真正面の方向、太陽を人間の顔に例えるとちょうど鼻のあたりに黒点がきたときに、一番面積が大きく見えますので、光量の減少も大きくなります。

このように、東から西へおよそ14日間かけて黒点が移動していくのにともなって、日々光量が変化していきます（図１－13）。黒点が太陽の裏側へ移動してしまえばその影響はなくなりますので、地球で観測される太陽光には27日周期の変動が見られます。黒点の寿命は数日から数週間程度ですが、大きいものは１カ月以上も生き延びる場合があって、裏側に消えていった黒点が14日後にふたたび太陽の東側から現れることがあります。加えて、なぜか太陽の同じ経度に黒点が出やすいという傾向があり

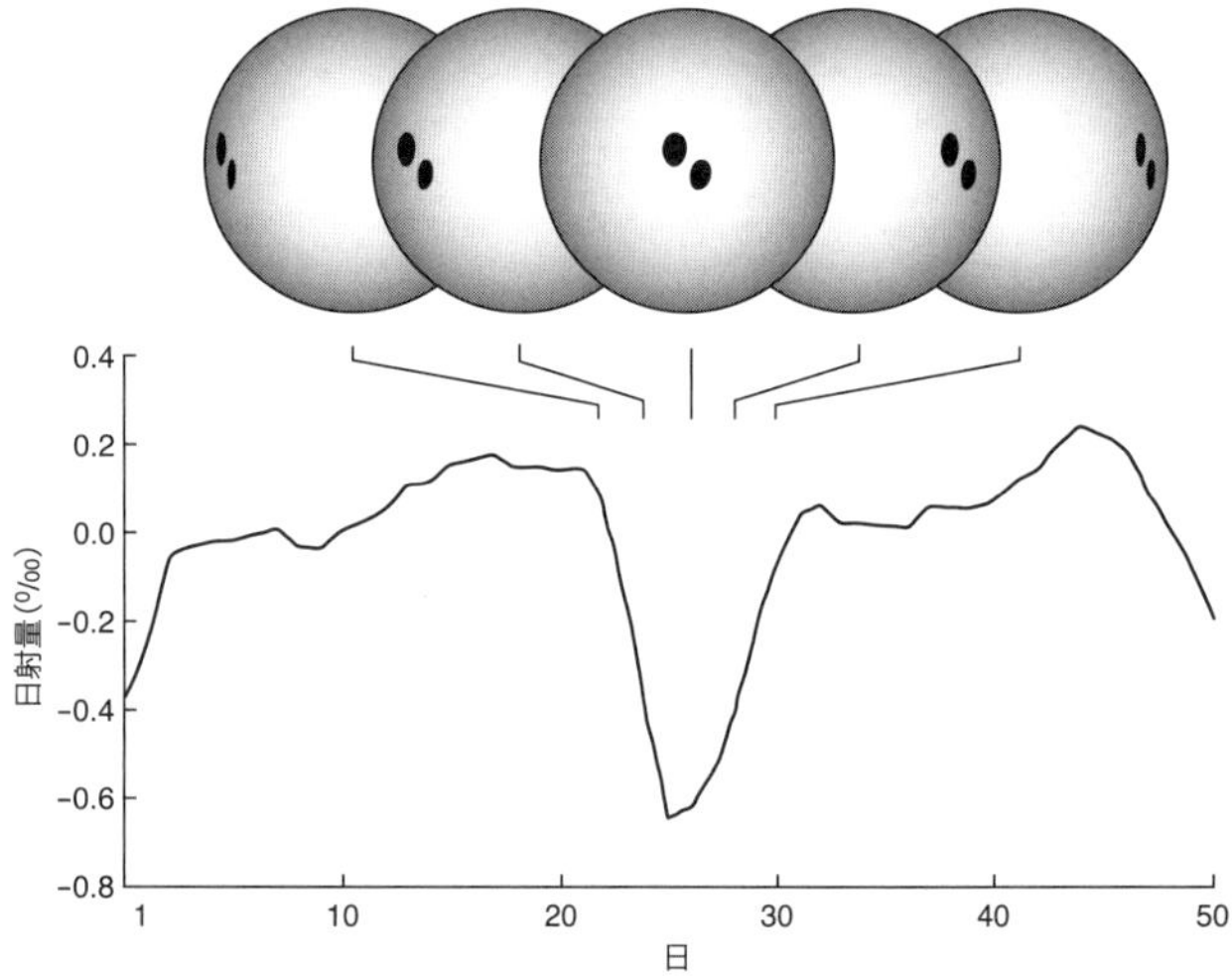

図 1 - 13　太陽表面における黒点の移動と日射量変動との関係性を示す模式図

(「アクティブ・ロンジチュード」と呼ばれています)、それも手伝って、およそ27日という周期で太陽の光量の変化が起こります。

このように、太陽の光量は日々変動しています。27日周期でも変動するし、全体としては11年周期の極大で光量は増えます。それから、11年周期の極大と極小のときの光量がサイクルごとにわずかながら増えたり減ったりもしています。それでは、さらに長期的にはどうなのでしょうか。たとえば、太陽黒点がゼロになった1996年と、17世紀に70年間にわたって黒点数がほぼゼロになったマウンダー極小期の状態は同じなのでし

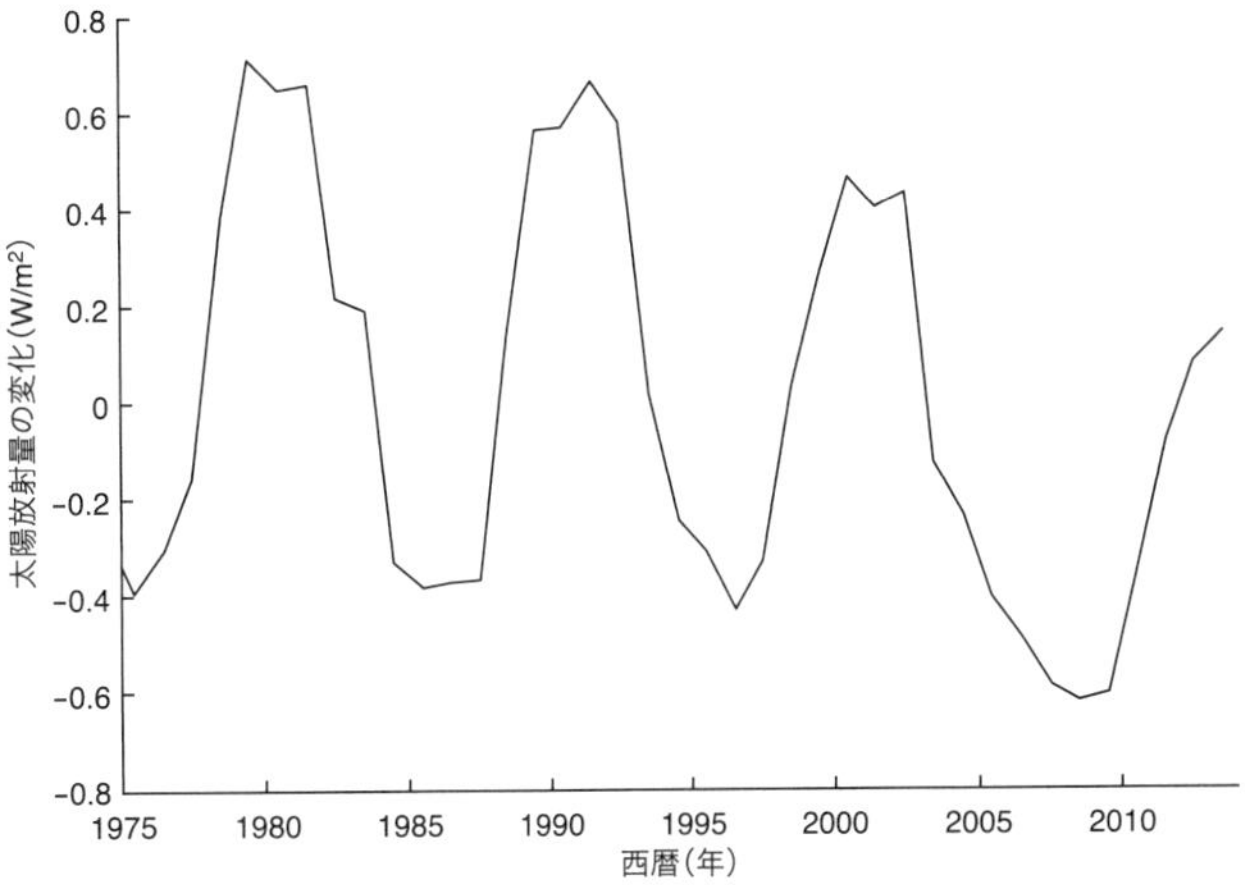

図１-14　観測史上最低値を記録した2008年の太陽放射量の減少　平均値からの偏差。提供：NOAA/G. Kopp

ょうか。これは少し難しい問題です。黒点の数としては両者とも同じ〝ゼロ〟ですが、太陽の光量はどうだったのでしょうか。

２００８年12月に黒点数がゼロになったとき、実は想像していた以上に太陽の光量が下がるということが起こりました（図１－14）。太陽の光量のアップダウンに影響しているのは、おもに黒点や白斑が現れている箇所だけで、それ以外の何もない場所の光量はほぼ不変だと考えられていたのですが、何もない領域についても想像していた以上に状態変化が起こり、光量が変化しているらしいということがわかったのです。とはいえ、１９９６年に比べて１平方メートルあたり0・2ワット程度の減少ですから、光量の変化自体は、気候の変動にはあまり影響しなかっただろうと考えられています。マウンダー極小期の太陽の光量については、1996年よりも低かった可能性がありますし、もっといえば2008年よりも低かった可能性があります。しかし、氷河の拡大を説明できるほどには変わっていなかっただろうというのが、一般的な考えです。マウンダー極小期がどうやって小氷期をもたらしたかについては、別の道筋から解き明かしていかなければなりません。

月に残された太陽光の変化

次の話に移る前に、もう少しだけ、太陽の光量についてお話しておきたいと思います。マウンダー極小期でどれくらい光量が減少していたか、というのは非常に難しい問題ですが、ひとつだけ解明できるかもしれない手段があります。それは、月面に10メートルくらいの深さの穴を掘って、温度計を埋めるというものです。太陽の研究をする場合、地球のまわりを周回する人工衛星に望遠鏡を載せて太陽を観測するというのが王道ですが、実際に地球の衛星＝月を使って太陽を研究してしまおう、という案です。

実は、月面はとても特殊な状態になっています。月はもともとは固い岩盤でおおわれた小さな天体でしたが、大気がないため、隕石が表面を直撃してしまいます。2013年にロシアのチェリャビンスクに落ちた隕石が記憶に新しいですが、猛スピードで落下してくる隕石はものすごい破壊力を持っています。地球の場合は大気におおわれていますので、特別大きな隕石でなければ大気を通過するあいだにほとんどは燃え尽きてしまいますが、月には大気がないため、表面に隕石が直撃します。そのため、月の表面には、隕石が衝突しては粉々に砕かれて飛び散った岩盤の破片が降り積もっているのです。隕石の衝突が繰り返された結果、小麦粉くらいの大きさにまでなった「レゴリス」と呼ばれる砂が降り積もっています。場所にもよりますが、岩盤の上に最大で16メートルほども降り積もった状態になっています。

これが、太陽の情報を記憶するのに絶好の条件となっているのです。月には大気がほとんどありませんので、砂粒と砂粒の間は、ほとんど真空といってもよいでしょう。月の一番表面に近いところにある砂粒がまず太陽の光に照らされて温まり、その砂粒がより深いところにある砂粒にその熱を光として伝え、それが温まるとまたその砂粒がより深いところにある砂粒を温め……というような形で熱が伝わっていきますので、熱が伝わるのに気が遠くなるほどの時間がかかります。月は常に同じ面を地球側に向けながら1カ月かけて周回していますので、昼夜のリズムは約1カ月です。2週間は日があたっている状態、2週間は日が沈んだ状態です。昼間は直射日光によって表面

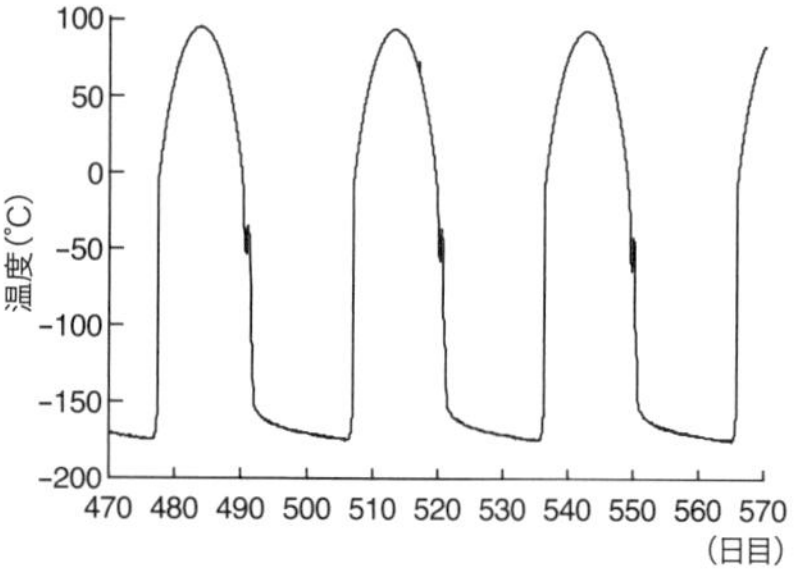

図1-15　月面の温度変化の1カ月周期　アポロ15号の着陸地点における変動。赤道ではこれより少し高温となる。提供：NASA

が110℃近くになり、夜はマイナス170℃にもなります（図1-15）。しかし、レゴリスの表面が昼間それだけの温度になっても、その何センチメートルか下はまだ夜に冷え切ってしまった名残をとどめているのです。月面に太陽の光が当たってから、その熱が地下10メートルに届くまでは、なんと500年もの年月がかかります。逆に、月面のレゴリスを10メートルほど掘って温度を測ると、マウンダー極小期のときに太陽が月面を照らしたその光の強さの情報が得られるというわけです。

私は2005年にNASAゴダード宇宙飛行センターに半年間滞在し、このプロジェクトに関わりました。月面をどれくらい掘ったらよいか、どれくらいの精度で温度を測ったらよいかなどを、アポロ計画によって得られたデータを使って調べるというものでした。アポロ計画は17号まであり、そのうちの6回で宇宙飛行士が月面に降り立ちました。そして、アポロ15号以降の3回のミッションで月面の掘削が行われました。図1-16はそのときの掘削の様子です。当時3メートルほど掘削する計画になっ

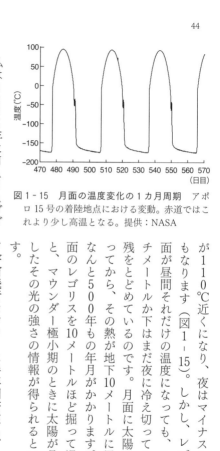

ていたようですが、2メートルほど掘削したところでトラブルに見舞われました。表面はふわふわの小麦粉のようなものでできているとはいえ、それが何メートルも降り積もっているので、深く掘り進めるにつれ、次第に掘りにくくなっていくようです。アポロ計画での掘削時のトラブルの様子は、月面で録音された音声の記録から伺い知ることができます（https://www.hq.nasa.gov/alsj/a15/video15.html）。

アポロ計画の終了後は、米ソとも宇宙開発のターゲットを宇宙ステーションに切り替えてしまったために月面の探査は長らく中断していましたので、アポロ計画で得られたデータは現在でも非常に貴重なものとなっています。

図1-16　アポロ15号による、月面でのレゴリス中の温度勾配の計測の様子　提供：NASA

余談ですが、渡米した当時、宇宙開発のゴールデンエイジに活躍していた研究者に会う機会に恵まれ、当時の話をいろいろと聞くことができ感慨深く思ったことを記憶しています。同時に、「人類は月面に行っていない」と信じる人の割合が非常に高いアメリカで、いかに子供たちを教育するか、そしてそのための教育方法を教師たちにどうやって伝授していったらよいかということへの対策に彼らが多くの時間を割いており、苦心されている姿を見て切なく思ったものでした。アポロ計画の資料は、事故を起こした13号のものも含め、すべてウェブサイトで公開されており、誰でも見ることができるようになっていますので、ぜひご覧いただければと思います（https://www.hq.nasa.gov/alsj/main.html）。アポロ17号の報告書だけでも600ページを超える分厚い資料となっています（https://www.hq.nasa.gov/alsj/a17/as17psr.pdf）。

四　ダイナミックに変化する太陽と宇宙天気

宇宙の天気とは

太陽活動と地球の気候との関係性についてくわしく見ていく前に、私たちの社会にとって太陽活動が持つ重要な側面に触れておきましょう。前節でも述べたように、太陽の活動が変化しても光量の変化は確かにわずかなものです。しかし「磁場の変化」という観点で見てみると、太陽はとてもダイナミックに変化しています。太陽の表面では、内部から浮き上がってきた強い磁場が、互いに作用し合ったり、あるいはプラズマと相互作用したりすることで、実にさまざまな現象を繰り広げています。そして、太陽の状態が変化すると、太陽表面で発生する現象の頻度や強さが大きく変化するのです。

太陽の表面で起こる現象のうち、もっとも激しいものは、「太陽フレア」と呼ばれる爆発現象でしょう。太陽フレアが起こると、プラズマの塊が指向性を持って飛び出し、そして強い磁場も一緒に飛び出していきます。このプラズマの放出現象は、「コロナ質量放出」と呼ばれています（図1-17）。プラズマというのは、物質の三態（固体、液体、気体）に次ぐ四態目の状態と表現されることもありますが、原子核と電子がバラバラになり、それぞれがプラスとマイナスの電荷を持った粒子として個々に動き回っている状態です。電荷を持っていますので、磁力線の動きに敏感に反応します。逆に磁力線は、プラズマの動きに敏感に反応します。ですから、プラズマと磁場は、どちらかが動けば、それにつら

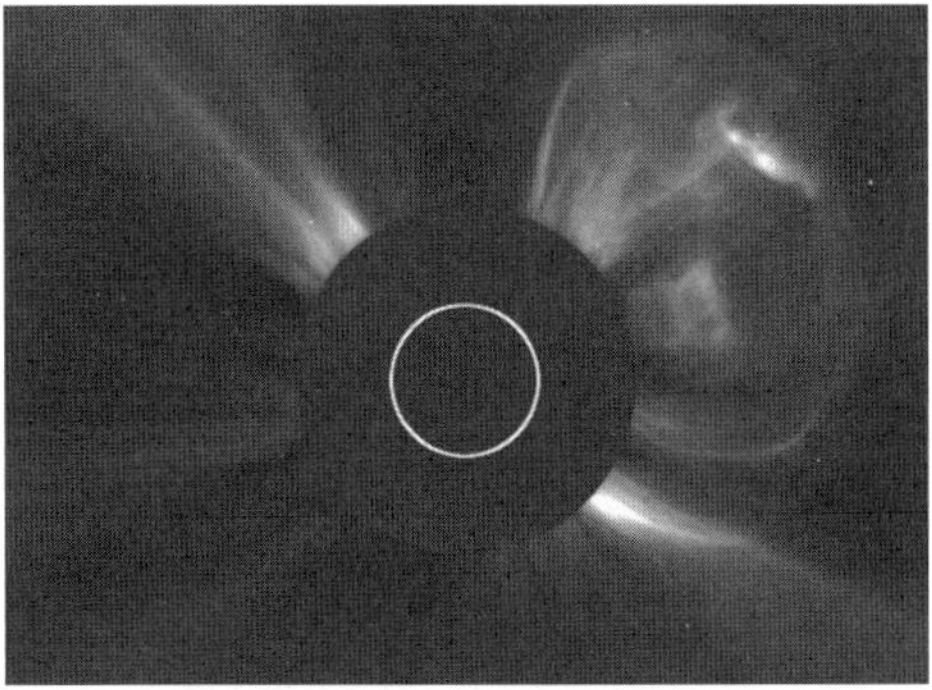

図1-17　太陽フレアにともなって放出されるコロナ質量放出　中心の白丸が太陽の位置を示す。提供：NASA

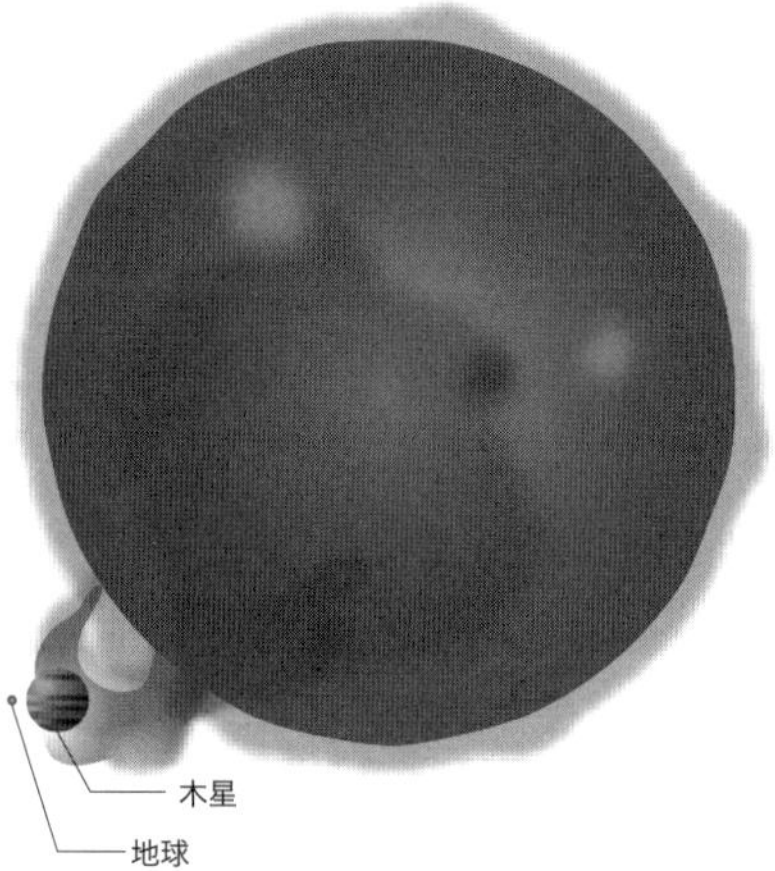

図1－18　太陽フレアと木星と地球のサイズの比較

れてもう片方も動くというような関係性にあり、「フローズン・イン（プラズマと磁場の凍結）」と呼ばれています。

太陽フレアによって磁場とプラズマの塊が放出されると、次第に大きく膨張しながら宇宙空間を移動していきます。そして、地球を含む太陽系の惑星周辺の宇宙環境を大きく乱します。地球から太陽を見たときに、太陽の裏側でフレアが起こった場合には、コロナ質量放出が地球に飛んでくる心配はありませんが、太陽の地球側でフレアが起こってしまった場合には、高い確率で地球の方向に飛んできます。コロナ質量放出の大きさは、太陽を出発後すぐの状態ですら地球の大きさの数百倍ですので（図1－18）、もし地球の方向に飛んできてしまった場合には、地球全体がプラズマの巨大な塊にすっぽりと包み込まれるような格好になります。すると地球周辺の宇宙空間において、磁場が大きく乱されますし、放射線環境も変わります。このように、太陽フレアなどの太陽表面で起こる現象が宇宙空間を伝わってくることによって、地球周辺の宇宙環境のよし悪しが大きく変わるのです。これを、天気のよし悪しになぞらえて、「宇宙天気」と呼んでいます。

オーロラはなぜ発生するのか

太陽フレアや宇宙天気の影響を実感することはそれほど頻繁にはありませんが、宇宙天気のよし悪しは、思わぬところで私たちの生活に甚大な影響を及ぼすことがあります。地球には地磁気や大気があって、太陽から飛んできた磁場やプラズマに対して盾のような役割を果たしてくれていますので、地上にいる私たちに直接影響を及ぼすというわけではありません。たとえば地磁気は、荷電粒子が飛んできても軌道を地球からある程度そらして受け流す効果を持っていますし、たとえ荷電粒子が地磁気のシールドをかわしてさらに地球に侵入してきたとしても、大気がそれを受け止めてくれます。

ちなみに、このようにして大気が荷電粒子を受け止めることによって発生するのがオーロラです。オーロラの多くは、いったんは地磁気によって地球から軌道をそらされた荷電粒子が、地球近傍の宇宙空間にとらえられ、そこから今度は地磁気に絡みついてふたたび地球側へと軌道を変えて降り込んでくることによって発生します（図1

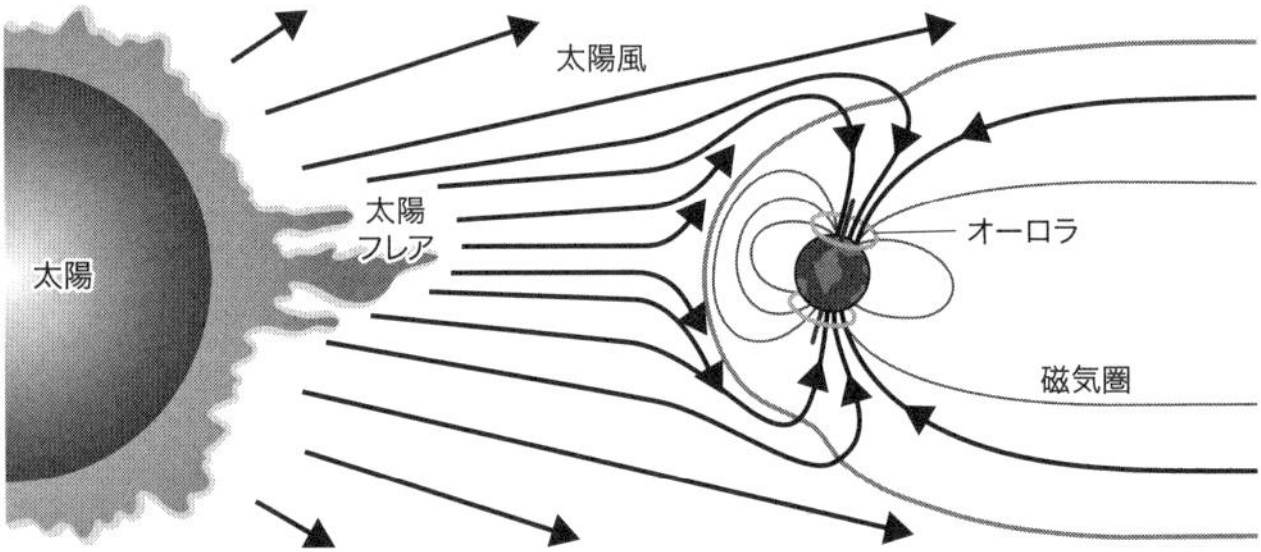

図1-19　太陽からの粒子の地球への降り込みとオーロラができる地域の関係性　矢印は粒子の流れを示す。

-19)。南極と北極の間をループ状につなぐ地磁気の磁力線が、束になって根を下ろしている極域に荷電粒子が勢いよく降り込みます。そのため、アラスカやカナダ、北欧、そして南極などでオーロラが発生します。降り込んだ荷電粒子は、大気中の原子や分子に当たって、発光を引き起こすのです。

オーロラは、大気を光らせることのできる「荷電粒子」、荷電粒子の軌道を変え加速する「磁場」、そしてその粒子のエネルギーを受け止める「大気」の三つが揃っていれば見ることができます。ですから、磁場と大気がある惑星であれば、地球以外でもオーロラは発生します。たとえば磁場と大気を持つ土星や木星の南北の極域の上空には、きれいなリング状のオーロラが出ることが知られていますし、海王星や天王星の上空にもオーロラが出ます。そのほか特殊な例として、火星でもオーロラのような発光が見られることがわかってきています。火星の場合、磁場の生成はすでに止まっているのですが、太古の昔に今の地球と同じように磁場がつくられていたときの名残が地表に残留していて、それが太陽から飛んでくる放射線に作用しているらしいということがわかってきました。きれいなリング状のオーロラではありませんが、地表にまだらに残された磁場の影響による複雑な模様の弱い発光が観測されています。

宇宙天気災害

太陽フレアが起こって荷電粒子や磁場が地球に到達すると、さまざまな影響が発生します。

まずは、荷電粒子の影響から見てみましょう。さきほども触れたように、地球には大気がありますので、降ってくる粒子のエネルギーは大気が受け止めてくれます。ただし、大気の外の宇宙空間を飛行している人工衛星などには、粒子が直撃することになりますので甚大な影響が生じます。気象衛星、GPS衛星、通信衛星、放送衛星など、地球周辺の宇宙には、数多くの人工衛星が周回しています。太陽や遠い宇宙を観測するための望遠鏡を搭載した人工衛星も周回しています。それらに荷電粒子が直撃すると、精密な電子回路を破壊して人工衛星を故障させてしまうことがあります。太陽フレア後にBS放送がしばらく中断する、というようなことも実はたびたび起きているのです。

人工衛星は小型化がどんどん進んでいて、電子回路もどんどん小さく繊細なものになってきていますので、粒子がひとつ当たるだけでも大きな影響が出ます。ファントムコマンドという不思議な現象を起こすことも知られています。人工衛星の操作は地球から指令（コマンド）を送信することによって行いますが、粒子が当たって電流が流れてしまうことで、地球から何か指令が送られてきたと勘違いして、想定外の動作をしてしまうことがあるのです。そのほか、人工衛星の電力源として使われている太陽電池パネルの発電効率を落としてしまうこともあります。

太陽フレアと放射線被ばく

高エネルギーの荷電粒子（すなわち放射線）は人間の被ばくにも影響します。たとえば、宇宙ステーションの船外に出て作業をする場合や、あるいは月面での探査などの場合、太陽フレアの際に飛んでくる大量の粒子を浴びないようにすることがとても重要になります。

実は、宇宙天気の研究がまだあまり進んでいなかったアポロ計画の時代、宇宙飛行士の生命が危険にさらされていた可能性があることが知られています。アポロ計画では、１９６９年のアポロ11号のときに初めて人類の月面着陸に成功し、その後、１９

72年のアポロ17号までのあいだに、計6回人類を月に送り込んでいます。その4年間は、ちょうど太陽活動が11年周期のピークを迎えていた頃で、太陽フレアも頻発していました。月面で宇宙飛行士が作業しているあいだに太陽から大量の放射線が飛んできていたとしたら、被ばく量は致死量に達していたでしょう。

大気も地磁気もない環境で放射線を十分に防ぐには、コンクリートや水タンクなどでできた分厚い壁が必要ですが、当時そのような設備はもちろんありませんでした。たとえば宇宙ステーションでは、もし規模の大きな太陽フレアが起こった場合は、壁の一番分厚いモジュール内に避難することになっています。あるいは、今後もし人類が火星に移住するときには、宇宙船の中に水タンクなどでできた避難スペースを用意しておくことが必要だろうとされています。

アポロ計画の時代に、まったく装備がなかったにもかかわらず、すべての宇宙飛行士が太陽フレアの難を逃れたのは、たまたま打ち上げのタイミングと太陽フレアの発生のタイミングがずれていたから、ということになります。もし何らかのトラブルが発生してミッションが数カ月ずれ込み太陽フレアの発生のタイミングと完全に重なっていたとしたら、大変なことになっていたでしょう。

大気の層の下にいる私たちも、規模の大きな太陽フレアからエネルギーの高い放射線が降り注いできた場合には、被ばくすることがあります。私たちは、食物や地面あるいは大気中の放射性物質から放出される放射線を常に浴びながら生活していますが、それに加えて浴びてもよいとされている量は1年間あたり1ミリシーベルトです。この1ミリシーベルトという数値は、通常、日本とニューヨークを7回半往復できる量に相当するとされています。しかし、飛行中に巨大な太陽フレアが発生すると、地上で生活している際に浴びる放射線の1年分の量をいっぺんに浴びてしまうこともあります。

オーロラの説明のところにも書きましたが、とくに地磁気の磁力線が根をおろしている極域は、放射線が降り注ぎやすくなっています。日本からニューヨークに飛行機で移動する場合には極域の上空を通りますが、太陽フレアが発生して大量の放射線粒子が地球に押し寄せてきているときに極域の上空を飛行してしまうと、より多く被ばくしてしまうことになります。規模の大きな太陽フレアが発生した場合は、極軌道を避けることが重要になります。

磁場が引き起こすトラブル

次に磁場の影響について見てみることにしましょう。磁場の影響によって、甚大な宇宙天気災害が発生した例としてよく知られているのが、1989年3月にカナダ・ケベック州で発生した大停電です。このときの停電の被害は600万人にも及びまし

図1-20　アメリカ・アラスカ州のパイプライン　全長はおよそ1300キロメートルにもなる。磁気嵐によって強い電流が流れると劣化が早まる。

た。実はコロナ質量放出の磁場が地球に押し寄せると、地球を取り囲む地磁気全体が大きくゆさぶられ（「磁気嵐」と呼ばれます）、その効果で地球大気の上層に強い電流が流れるのです。影響が強い場合には、地表近くにある電気を通しやすい物質に電流が流れてしまうこともあります。たとえば、パイプライン（図1-20）に電流が流れてしまって、パイプラインの劣化が早まってしまったり、変電圧器に想定外の強い電流が流れて故障してしまい、送電網システムが影響を受けて停電してしまうことなどが知られています。

また、地球大気の上層に強い電流が流れることで、摩擦熱が発生し、大気の上層が加熱によって膨張してしまうことも知られています。この場合、宇宙空間の大気すれすれを飛行している人工衛星が影響を受けます。膨張した大気によって摩擦を受け、飛行している軌道の高度が下がってしまうのです。この影響が甚大な被害をもたらした例としては、2000年7月14日の巨大フレアの影響で落下してしまったX線天文衛星「あすか」があります。この太陽フレアは、フランス革命のきっかけになったとされるバスティーユ牢獄の襲撃事件と同じ日に発生したことから、「バスティーユ・イベント」とも呼ばれています。膨張した大気によって摩擦を受けた影響で「あすか」衛星は姿勢を崩し、太陽電池パネルが太陽とは違う方向を向いてしまい、電力を失ってしまいました。結局、姿勢をもとに戻すことはできず、2001年3月に落下してしまいました。

そのほか、すでに運用は終了したあとでしたが、アメリカの宇宙ステーション「スカイラブ」が、大気膨張の影響を受けて落下のスピードが早まり、想定していたよりも早いタイミングで大気圏に再突入してしまうという出来事もありました。このとき、地上からの通信でなんとか姿勢の制御が行われましたが、軌道が少しずれてしまい、完全に燃え尽きることができなかった「スカイラブ」の大きな破片が、海洋上だけではなく西オーストラリアに落ちてしまうという事態も発生しました。

通信機器への影響

磁場やプラズマによる災害だけではなく、太陽フレアの際に放射されるX線や紫外線によっても甚大な影響が起こりうることがわかってきています。「デリンジャー現象」と呼ばれ、短波を用いた通信に障害を引き起こします。通常は、大気の上層にある電離圏と呼ばれる場所で短波が下向きに反射され、通信の信号が伝わりますが、X線や紫外線が電離圏の状態を変えてしまうことで短波が吸収されやすくなり、通信の信号が届かなくなってしまうのです。これによって大災害が起こった例が、1986年2月に発生した、カナディアンロッキー列車事故です。このとき、単線をふたつの列車が走っていましたが、無線による信号のコントロールや通信のやりとりがうまくいかず、正面衝突事故が発生してしまいました。短波通信は、航空機や船舶でも使われています。2001年に発生した太陽フレアのときには成田空港でも通信障害が発生しました。

宇宙天気が私たちの生活に大きく影響してくる可能性があるものとして、GPSシステムへの影響があります。GPSシステムは、人工衛星から発信されている電波をキャッチして、現在地を推定しています。大気の上層にある電離圏と呼ばれる場所の状態が磁気嵐の影響で変わってしまい電波が届きにくくなると、人工衛星から電波が届くのに余計に時間がかかり、人工衛星から実際よりも離れたところにいるとシステムが勘違いしてしまうようなことが起こるのです。それで、正しい現在地が表示されなくなります。たとえば、海岸沿いをドライブしているときに、カーナビに表示される車の位置が海の上、というようなことが起こったりします。車の場合はそれほど影響は大きくありませんが、GPSシステムを使っている航空機などへの影響は甚大です。

宇宙天気災害と地磁気のかたち

さて、いくつかの宇宙天気災害の例を見ていくと、カナダやアメリカでの事例が多いことに気づきます。これは、地磁気の磁力線が根をおろす地域が、厳密には北極からずれていることに原因があります。地磁気は、地球内部の外核と呼ばれる液体の層の対流によって生成されています。外核の下側と上側との温度差によって対流が生じていますが、その温度差にはさらにその外側のマントルの温度が影響してきます。マントルの温度には、大陸配置などの表層の状態も影響します。そのため、磁場の形が完全には南北対称な形にはなっていないのです。磁場の北極は、実際には、北極よりもアメリカ側に少し南下したあたりにあります。そのため、カナダやアメリカで影響が出やすいのです。これは、カナダやアメリカでは、比較的低い緯度でもオーロラが見えやすいこととも関係しています。

地球の内部の状態は刻々と変わっていますので、地磁気の極もゆっくりと移動しています（図1-21）。たとえば数百年ほど前にさかのぼると、日本や韓国の書物にオーロラの記録がたくさん出てくる時代があります。実はちょうどその頃は、北極よりも日本側に少し南下したあたりに磁場の北極があったのです。すると、磁力線を伝ってくる荷電粒子が降り込みやすくなり、オーロラが見えやすくなります。その代わり、宇宙天気災害も起こりやすくなるのです。

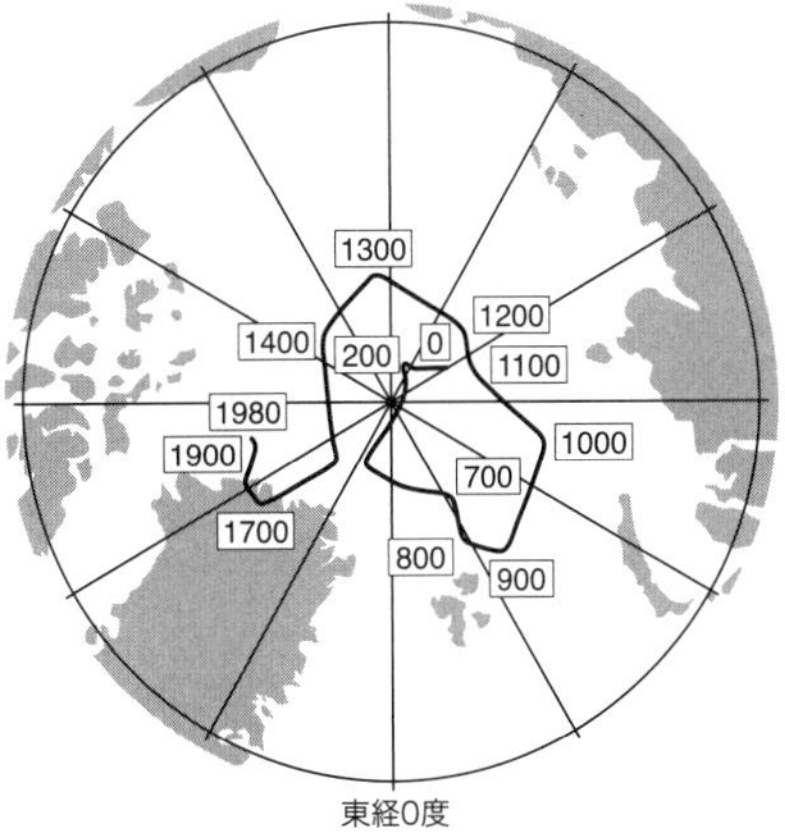

図1-21　地磁気のS極の位置の変化　数値は西暦を表す。Butler, 1992 を参考に作成。

ところで、一部の動物は磁場を感じ取れることが知られています。ハトが有名な例で、たまたま強い磁気嵐が起こっている日に開催されたハトレースで、大量のハトが行方不明になってしまったという話もあります。もし地磁気の生成が止まってしまったら、というテーマを扱ったSF映画『コア』の冒頭にそのような描写があります。グーグルアースの画像を使って、ウシがどちらの方向を向いているかということを研究したチームがありましたが、その研究では、ウシが磁場の北極や南極を向く傾向があるという面白い結果が得られています。５００年ほどして磁場の北極の位置が少し変われば、世界各地のウシも今とは少し違う方角を向きやすくなるということになります。磁場を頼りに長距離を移動するチョウや渡り鳥も見つかっています。そのほか、磁場を感じて極の方角に移動する細菌も存在していて、小さな鉱物などに残留している微弱な磁場を測定するときに使われたりもします。

太陽フレアの規模と宇宙天気災害の規模の関係性

さて、宇宙天気災害に話を戻しましょう。災害の大きさは、必ずしも太陽フレアの規模に比例するものではありませんが、規模が大きくなればなるほど甚大な影響が生じる可能性が高くなります。太陽フレアの頻度と規模はおおむね反比例の関係があります。たとえば1年に1度しか発生しない比較的規模の大きな太陽フレアを基準にしてみると、その10分の1の規模のものは、1年間に10回発生することになります。逆に、10倍の規模の太陽フレアは10年に1度発生することになります。１００倍の規模のものも１００年に1度は発生してしまう計算です。太陽に関しては、まだそれほど長いデータがないので、どれくらいの規模のものまで発生しうるかというのは難しい問題ですが、太陽によく似た恒星を観測すると、非常に大規模なフレア（＝スーパーフレア）を起こしているらしいということが京都大学の柴田一成名誉教授らの研究でわかってきています。

太陽の場合で、観測史上一番規模が大きかったとされるのは、1859年に発生した「キャリントン・イベント」と呼ばれる太陽フレアです（図1－22）。キューバやハワイなどの低緯度地域でもオーロラが発生しました。このときはまだ宇宙利用は進んでいませんでしたので、モールス信号を使った電信が影響を受ける程度で、宇宙天気災害としては小さいものでしたが、今もし同じ規模のフレアが発生したとしたら、被害総額は100兆～200兆円になるという見積もりもあります。

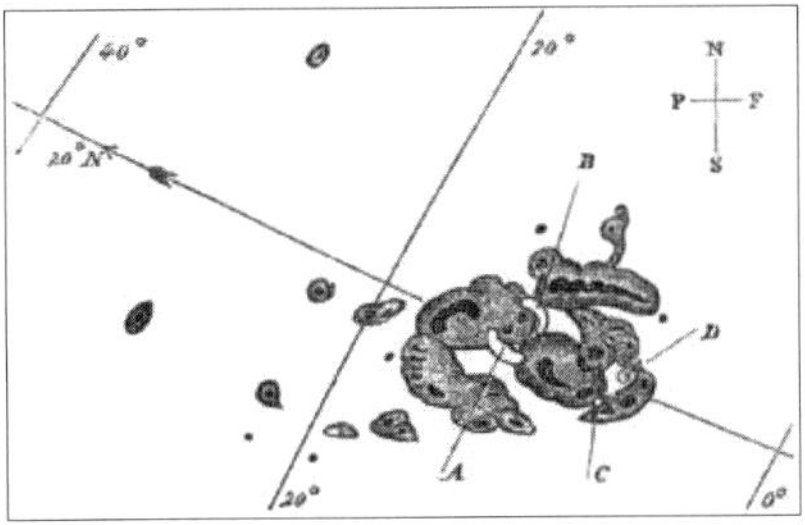

図1－22　1859年に発生した観測史上最大の太陽フレアを起こした黒点のスケッチ　天文学者キャリントンによるもの。AとBにおいて強い発光があり、肉眼でも観測された。

今後、宇宙利用がますます進んでいくと、社会活動や宇宙活動への宇宙天気の影響はどんどん大きなものへとなっていくでしょう。あらかじめ被害を小さくできるような対策を立てられるよう、宇宙天気の予報を確立することが重要になってきます。太陽フレアの発生自体を予報したり、前もって高エネルギーの荷電粒子の到着日時を予報することで、宇宙ステーションでの船外活動を延期したり、月面であれば放射線を遮ってくれる避難スペースに移動したり、あるいは旅客機などの場合であれば、飛行経路を危険性の低いルートに変えたりなどの対策が可能になります。

太陽フレアが発生してから地球がその影響を受けるまでは、短くて数十分、長くて1日以上の猶予がありますから、太陽フレアの発生の予測がまだ実現できていない現在でも、最低限の準備はできるでしょう。一方、今後のさらなる研究によって太陽フレアの発生のタイミングが予測できるようになれば、対策を施すために費やすことのできる時間は大幅に増えることになります。

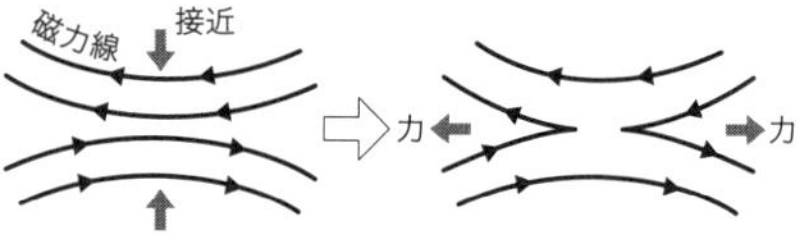

図1-23　磁力線のつなぎ変わりのイメージ
つなぎ変わることによって不安定になった磁力線の張力でプラズマの塊が弾き飛ばされる。

太陽フレアは、太陽の内部から表面に浮上してくる、いくつものループ状の磁場の相互作用によって発生します。複雑に配置された無数の磁力線が互いに接触してしまうと、ふたつの磁力線の間でつなぎ変わりが起こってしまい(「リコネクション」と呼ばれています)、ゴムひもの中央を引っ張ってV字にしたような不安定な状態の磁力線がふたつできます(図1-23)。すると、ゴム鉄砲のゴムひもを強く引っ張ってから手を離したときと同じように、不安定な形をした磁力線はもとのまっすぐな形に戻ろうとします。そのときに、プラズマの塊が磁力線によって弾き飛ばされるのです。名古屋大学の草野完也教授らのグループによる最近の研究で、太陽フレアの引き金になりやすい磁場の構造や配置などがわかってきました。太陽フレア予報の実現への挑戦は今まさに続いているのです。

第2章 太陽の真の姿を追う

一　太陽活動史を復元する方法

樹木に記録される太陽の活動

さて、第1章四節では、比較的短い数日単位の太陽活動が、地球にどのような影響を与えるのかということについて触れましたが、より長い時間スケールでは何が起こっているのでしょうか。黒点のデータから存在が知られることとなったマウンダー極小期とはいったい何者で、どれくらいの頻度で起こっているのでしょうか。そして、地球の気候への影響はどのようなものだったのでしょうか。その問いに答えていくためには、まずは正確な太陽活動像を知ることが重要になります。ところが、太陽活動の長期的な変化は、長いものでは数百年、数千年という単位での変動になってきます。17世紀の初頭から数えて400年分の黒点のデータが存在していますが、それだけではとても太陽の本当の姿を知ることはできません。さらに過去にさかのぼって太陽活動の状態を調べていくには別の方法が必要です。

そこでこの章では、ちょっと特殊な方法として、屋久杉や南極の氷などを使って数千年以上前の太陽活動を調べる方法について、順を追って解説していきましょう。第3章の冒頭では、地層などを使って昔の気候変動を調べる方法について解説しますが、基本的な方法論は同じです。

地層は、たとえば塵や微生物の死骸などが時間とともに湖や海の底に少しずつ溜まっていったものですが、毎年毎年溜まっていくので、1年ごとの層がどんどん重なっていき、やがては数百メートルを超えるような厚みになります。塵や微生物の死骸などに混ざって、花粉が落ちてくることもありますし、そのときの環境下にあるさまざまなものが落ちてきます。そして、それが地層の成分となって積み重なっていくわけです。1年間に1ミリメートルずつ地層の厚みが増えているとすると、1メートルほど掘った地層には、1000年間分のその周辺の環境の情報が残されていることになります。

樹木の年輪の場合は、木の一番外側のところで細胞がつくられていて、1年ごとに縞がひとつずつ増え、木の幹が太くなっていきます。木の年輪の縞々は、春から初夏にかけて比較的色の薄い年輪が厚く成長し、夏から初秋にかけて密度が高く色が黒っぽい材がわずかにつくられることで形成されます（図2－1）。木の幹を中心方向に向かってくりぬくと、地層と同じように、昔の情報を取り出すことができます。木の場合は地層と違って、二酸化炭素や水など、吸収される成分が限られてしまいますが、たとえば炭素や酸素の同位体がどれくらい含まれているかを見ていくことで、いくつかの情報を得ることができます。これについては第3章でくわしくお話ししますが、こ

図２-１　**樹木の年輪**　春から初夏にかけて色の薄い材が形成され、その後初秋にかけて密度の高い黒っぽい色の材が形成されて１枚の年輪となる。

こで重要なのは、炭素の同位体の中に、太陽活動に密接に関係した成分があるということです。それは、「炭素14」という同位体です。

炭素は通常、中性子と陽子が6個ずつ含まれる原子核を持っていますが、そのほかに、中性子が7個含まれる炭素13や中性子が8個含まれる炭素14などの同位体があります。ここで重要な炭素14は、太陽活動のアップダウンにともなって、大気中での存在量が増えたり減ったりするのです。ですから、年輪1枚ごとに炭素14がどれくらい含まれているかを丁寧に調べることで、木が生きていた期間の太陽活動の情報を知ることができるのです。以下、炭素14についてくわしく見ていきましょう。

太陽活動の指標となる炭素14

炭素14は、宇宙から放射線が地球に降り注いできたときにつくられるものです。「宇宙線生成核種」と呼ばれています。第1章一節で、恒星が死ぬときに大爆発を起こすという話を書きましたが、その爆発によって生じる、磁場をともなう衝撃波（音速を超えるプラズマの流れ）が、荷電粒子を加速して高いエネルギーの粒子をつくり出します。それが宇宙を飛び交う高エネルギーの粒子で、「宇宙線」あるいは「宇宙放射線」と呼ばれています。宇宙には、そのようにして星が死んだあとに残される超新星残骸がたくさんありますし、そこでたくさんの放射線が常につくられています。そしてその一部が、地球の方向にも飛んできています。

第1章四節で、宇宙での被ばくについて書きましたが、実は、恒星の残骸から飛んでくる宇宙線は、太陽フレアが発生した際に太陽から飛んでくる放射線よりエネルギーが何桁も高く、また常時飛んできていますので、長期的な宇宙での滞在の場合には、こちらの影響のほうが大きくなってきます。また、エネルギーが高いために大気のシールドの奥深く、つまり地上近くまで影響を及ぼします。私たちが日頃被ばくしてい

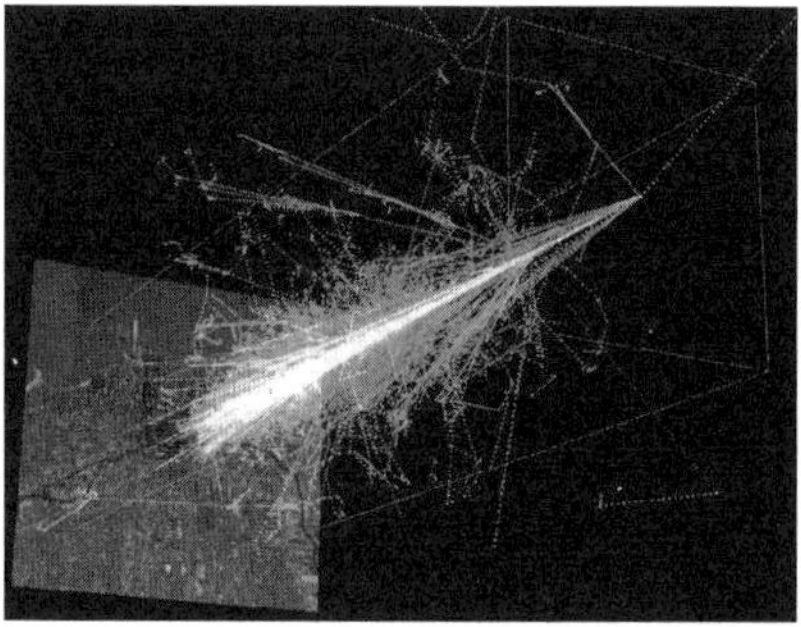

図２－２　宇宙線によって大気中でネズミ算式に二次的な粒子（二次宇宙線）がつくられる様子
https://en.wikipedia.org/w/index.php?title=File:Protonshower.jpg より。Credit: Dinoj

る自然放射線の一部は、この、恒星の残骸から飛んでくる宇宙線によるものです。宇宙に起源を持つ放射線を総称して宇宙線あるいは宇宙放射線と呼びますが、さらにそれを起源ごとに区別して、太陽に起源を持つものを「太陽宇宙線」、恒星の残骸など太陽系の外側の宇宙に起源を持つものを「銀河宇宙線」と呼んだりもします。

宇宙線は、大気に突入すると、大気中の分子や原子を破壊して、複数の粒子をつくり出します。これを「二次宇宙線」と呼びます。二次宇宙線は、大気に突入してきた宇宙線よりもエネルギーが低くなりますが、それでもまだ高いエネルギーを持っていますので、周囲の分子や原子に衝突してさらに複数の粒子をつくり出します。このような連鎖が、粒子のエネルギーが低くなってもうそれ以上原子を壊せなくなるところまで続きます。ですから、ひとつの粒子が飛び込んでくると、ネズミ算式にエネルギーの低い粒子が大量につくられるのです（図２－２）。

飛び込んでくる粒子はおもに陽子ですが、二次的につくられる宇宙線には、原子核が壊されてできる中性子や、電子などのさまざまな種類の粒子が含まれます。そのうち重要なのが中性子で、これが大気中にある窒素の原子核に捕獲されることで、炭素14がつくられます。炭素14は、通常の炭素12に比べると1兆分の1という存在率で、ごくわずかしかつくられません。とはいえ、宇宙から飛んできた放射線の強さに応じてつくられる量が変わりますので、宇宙の状態の重要な指標になります。

それではなぜそれが太陽活動と関係があるのかというと、宇宙線はおもに陽子で電荷を持っていますので、地球の方向に飛んできた際に、そこに太陽の磁場が立ちはだかっていると、地球に届きにくくなってしまうのです。太陽の活動が活発になると太陽の表面から磁場がたくさん放出されて太陽系の端よりもはるかかなたに広がりますが、それが宇宙線に対して盾の役割を果たしてくれているのです。太陽の活動が弱まってしまうと、遮蔽《しゃへい》する力が弱まって、宇宙線がたくさん地球に飛んできてしまうことになります。そして大気中で、よりたくさんの炭素14がつくられることになります。太陽の磁場が宇宙線を遮るしくみについては本章の二節と三節でくわしく解説していきます。

屋久島に残された太陽活動の記録

宇宙線によってつくられた炭素14は、そのあとすぐに酸化されて二酸化炭素になります。そして、すでに大気中に大量に存在している炭素12を持つ二酸化炭素にまぎれて大気中を循環していきます。その後、光合成によって植物などに取り込まれたり、海洋に溶け込んだり、あるいは海洋のさらに深層に移動したりというように、地球上のさまざまな領域に移動していきます。この移動のことを「炭素循環」と呼びます。その炭素循環の一環として、炭素14が樹木にも取り込まれていくのです。このようにして、宇宙線や太陽活動の情報が、年輪に刻まれていくことになります。

樹木を使って太陽の研究をする場合、できるだけ連続的に、またできるだけ昔にさかのぼってデータを取ることが重要になります。その目的に一番ぴったりな樹木が屋久杉やブリッスルコーンパインという松の一種です。屋久杉の場合、樹齢が2000年を超える個体があるので、非常に貴重な研究資料になります（図2－3）。これは、屋久杉の中心が約2000年前につくられたということですから、2000年前の宇宙線や太陽の情報がそこに残されていることを意味します。

屋久島の場合、土壌の栄養が少ないために、成長の度合いが極端に遅く、1年に1ミリメートルにもならないほどの細い年輪を重ねていきます。幹の外側のほうは、それよりもさらに年輪が細くなります。そのため、2000年生きたとしても直径は2

メートル弱にしかなりません。日常で目にする切り株などで木の年輪を確認してみると、年輪の幅は1センチメートルかそれ以上にもなりますので、比較的太い木に見えても樹齢は100年もない場合がほとんどです。ですから、正確な年代で1年ごとに2000年分の情報が得られる屋久杉はとても貴重です。防虫効果や防腐効果を持つ樹脂が多く含まれていることが、何千年も長生きできる秘訣といわれています。

屋久島は海から小さな山が突き出たような格好の島です。麓から山の尾根を眺めて

図2-3　樹齢約2000年の屋久杉の切株（上）と円盤（中）、切り出したブロックの年輪（下）

いると、ときおり遠くからでも一本杉だとわかるような大きな木が見えます。伐採の難を逃れた巨木がまだ時折発見されることがあるようです。それだけではなく、江戸時代に伐採された巨大な切り株もあちらこちらに残されています。たとえば、縄文杉に向かうトロッコ道から途中で左にそれて林道を歩いていくと、そのような巨大な切り株がたくさん残されています。昔使われていたものの、いまはもう使われなくなって整備されていない林道をひたすら歩き、苔がむした丸太橋に足を滑らせそうになりながらいくつもの沢を渡っていくと、直径が2メートル近く、高さも1メートルを超えるような大きな切り株がいくつも見つかります。大きな切り株は貴重な資源ですが、山の奥ほど運び出すのに危険がともないます。ヘリコプターを使っても難しいような場合もあります。そのため運び出す手間に見合わないと判断された古木は、そのまま置き去りにされるのです。そのような古木も研究の貴重な試料となります。切り出しができない場合は、成長錘《すい》と呼ばれる器具を使って木をくり抜き、直径が5〜10ミリメートル程度のコアを取り出します（図2－4）。生きている木であれば一番外側の年輪が今年のもの、という判断ができます。しかし、すでに何年も前に死んでしまったような木でも、いくつかの年代測定法を使うことで、中心から外側まですべての年輪の年がわかります。ですから、とにかく年輪がたくさん残されている木であれば研究に使うことができます。

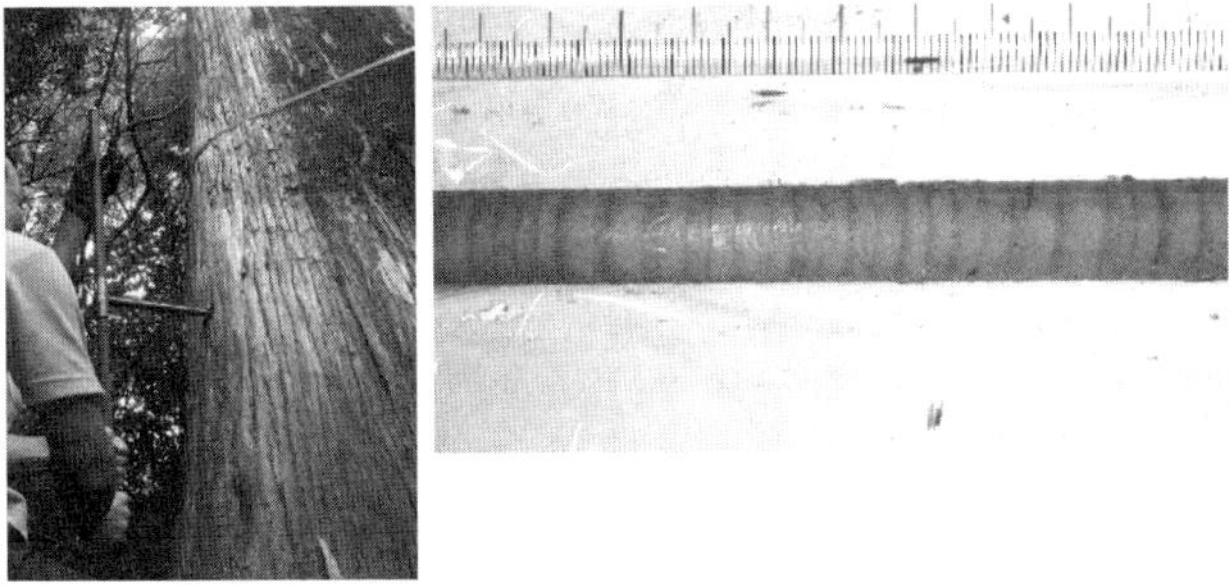

図２-４　成長錘を使って木の試料のコアを取り出しているところ（左）と取り出したコア（右）

とはいえ、紀元前よりも昔にさかのぼることのできる木には、なかなか巡り会うことはできません。営林署の職員さんや地元のガイドさんの協力を得ながら調査を行ってきましたが、多くの場合、切株の中心がすでに腐ってしまっていて年輪がないのです。たとえば屋久島で一番長寿とされている縄文杉でも、樹齢こそ５０００年を超えるかもしれないといわれていますが、裏側にまわってみるとかなりの部分がすでに腐り落ちてしまっています。細胞の分裂は木の皮のすぐ内側で行われていますので、外側の部分がある程度元気であれば生きていけるのです。

話はそれますが、屋久島はとても興味深い場所で、さまざまな分野の研究者が数多く訪れています。林学の研究者だけでなく、気候の研究者も訪れますし、サルや昆虫などの生き物の研究者なども訪れます。地質も面白く、貴重な地層や岩石を島のあちらこちらに見ることができます。屋久島を代表する重要な地層が、いまから7300年前に大噴火を起こした海底火山、鬼界カルデラの火砕流の層です。このとき火砕流が島中をおおったため、7300年以上生息している屋久杉はないだろうといわれています。縄文杉の推定樹齢には諸説ありますが、7300年を超えるものがないのはそのためです。屋久島の林道沿いなどで地層がむき出しになっている箇所では、数十センチメートルから場所によっては数メートルの厚みのオレンジ色の地層を見ることができます。

樹木を使った研究としてはほかに、年代を正確に決めることは少し難しくなりますが、埋没木を使ったものがあります。日本各地には、土石流などで埋没した木や地層に取り込まれた木が数多く存在しており、古いものでは、数万年前の埋没木も発見されていて、非常に重要な宇宙の情報源となっています。

太陽の記録を残す南極の氷――ベリリウム10

樹木のほかにもうひとつ、太陽の活動を調べる際に貴重な情報を与えてくれるものがあります。南極の氷です。南極大陸は、3000メートルを超える山々が連なった地形になっていて、その谷間に雪が降り積もり、夏の間も融けずに万年雪になったものが層となって積み重なっています。つまり、3000メートルを超える氷の地層が残されているわけです。積もった雪は、ある程度積み重なると重みによって圧縮されて、気泡のほとんどない氷となっていきます。これを、ドリルで掘削して50センチメートルほどの長さのコアを取り出してはまた掘削して……というような方法で、50センチメートル単位でどんどん掘り進めていきます。氷の地層の一番下のほうから掘削されたコアは、表面を磨くと水晶のように透きとおっていて、氷が確かに水という物質の結晶なのだということを実感させられます。氷の地層は自分自身の重みでかなり圧縮されていますので、全体の3000メートルでは100万年程度の氷の層に相当します。日本では、国立極地研究所が中心となって、氷の掘削を進めています。2006年には、72万年を超える氷の層の掘削に成功しました。

この南極の氷に含まれているのが、「ベリリウム10」という同位体です。これも炭素14と同じように、宇宙線によってつくられますので、宇宙や太陽の情報源となります。宇宙線が大気にぶつかると、中性子や陽子がたくさん含まれている酸素や窒素などの原子核を壊して、いくつかの軽い原子核をつくることがあります。これは「核破砕反応」と呼ばれていて、その過程でベリリウム10もつくられます。ベリリウム10の場合は、大気中に浮遊する微粒子にくっついて移動していくことになります。そして、いずれ雪や雨の一部となって地表に落下します。それが南極では融けずに積み重なっていくというわけです。氷の場合、木の年輪のようにはっきりとした目印があるわけ

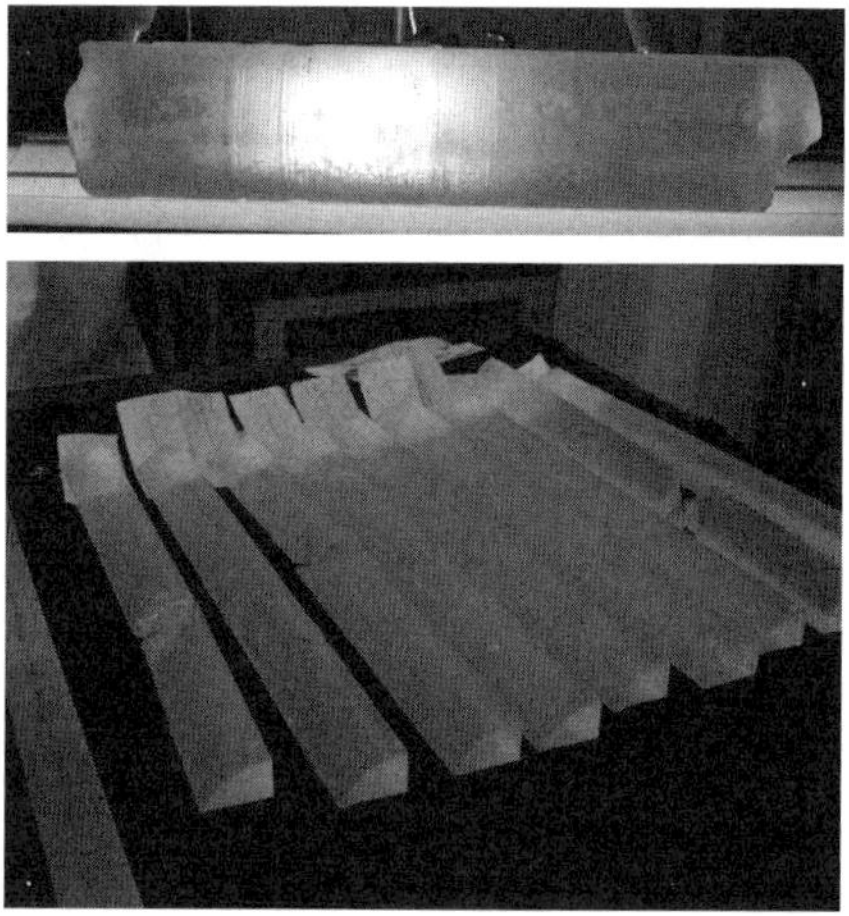

図2-5　南極から採取された長さ50センチメートルほどの氷のコア（アイスコア、上）とそれを短冊状に切り出した分析用の試料（下）　提供：弘前大学 堀内一穂

ではありませんので、1年ごとの層をきれいに切り分けることはできませんが、それでも宇宙線や太陽活動の変動を何十万年分も知ることのできる貴重な試料となっています。

第3章でくわしく紹介しますが、南極の氷はほかにもさまざまな情報を記録しています。氷のコアは直径10センチメートルほどで通常は1本しか掘削できませんので、氷を短冊切りにして各研究グループでさまざまな成分を分析していきます。図2-5は南極から掘削されたコアと、それをベリリウム10の分析用に短冊切りにしたものです。それぞれ50センチメートルずつ掘削して取り出したもので、短冊ごとに古い年代の氷になっています。

炭素14やベリリウム10を使って過去の太陽活動を調べる際に気をつけなければなら

ないことがひとつだけあります。どちらも、「放射性同位元素」と呼ばれる元素で、原子核が不安定なために、時間とともに崩壊してほかの元素に変わってしまう性質を持っているということです。たとえば炭素14の場合は、年輪などの中に含まれる量がＡ個だったとすると、５７３０年経つとそれが$\frac{A}{2}$個に減ってしまうのです。この半分に減るのにかかる年月は「半減期」と呼ばれています。原子核がどれくらい不安定かによって半減期が長かったり短かったりします。ベリリウム10の場合は、約１４０万年で半分に減ります。半減期の10倍ほどの年月が過ぎてしまうと、放射性同位元素はほとんどが崩壊してしまって、測定できなくなります。ですから、半減期のおよそ10倍程度が、さかのぼれる年代の限界です。炭素14を使う場合には、だいたい５万〜6万年ほど、ベリリウム10を使う場合には１４００万年ほど昔までしかさかのぼれないということになります。そして、測定したデータから当時の宇宙線量を推定する際には、半減期によって時間とともに減少しているぶんを上乗せする必要があります。このようにして、過去にどれくらい宇宙線が増えていたのか、あるいは減っていたのかということを正確に推定するのです。

二　宇宙線の変動は何を映し出すか

それでは、屋久杉や南極の氷の層から取り出された宇宙線のデータは、どのように読み解けばよいのでしょうか。太陽の活動に関してどのような情報を持っているのでしょうか。ここでは、太陽の活動が宇宙線にどのような影響を与えているかについてくわしく見ていきます。

地球を包み込む太陽風のシールド

第1章に書いたように、太陽は磁場の星です。光量自体の変化はごくわずかで安定した星に見えますが、磁場はダイナミックに変化しています。太陽表面から吹き出た磁場は、太陽系をはるかに超えて100天文単位（AU）のかなたまで宇宙空間を乱していきます。天文単位（AU）は、太陽と地球のあいだの距離に相当しますから、その100倍の遠方まで太陽の影響が及んでいることになります。海王星は太陽から約30AUの位置にあります。そのさらに遠方にまで太陽の影響を運んでいるのが「太陽風」です。太陽フレアによって飛び出してくるプラズマの塊だけでなく、太陽の表面からは常にプラズマの流れが吹き出しています。そしてそのプラズマの流れに乗って、磁場も広がっているのです。太陽から出る風が届いている空間全体のことを「太

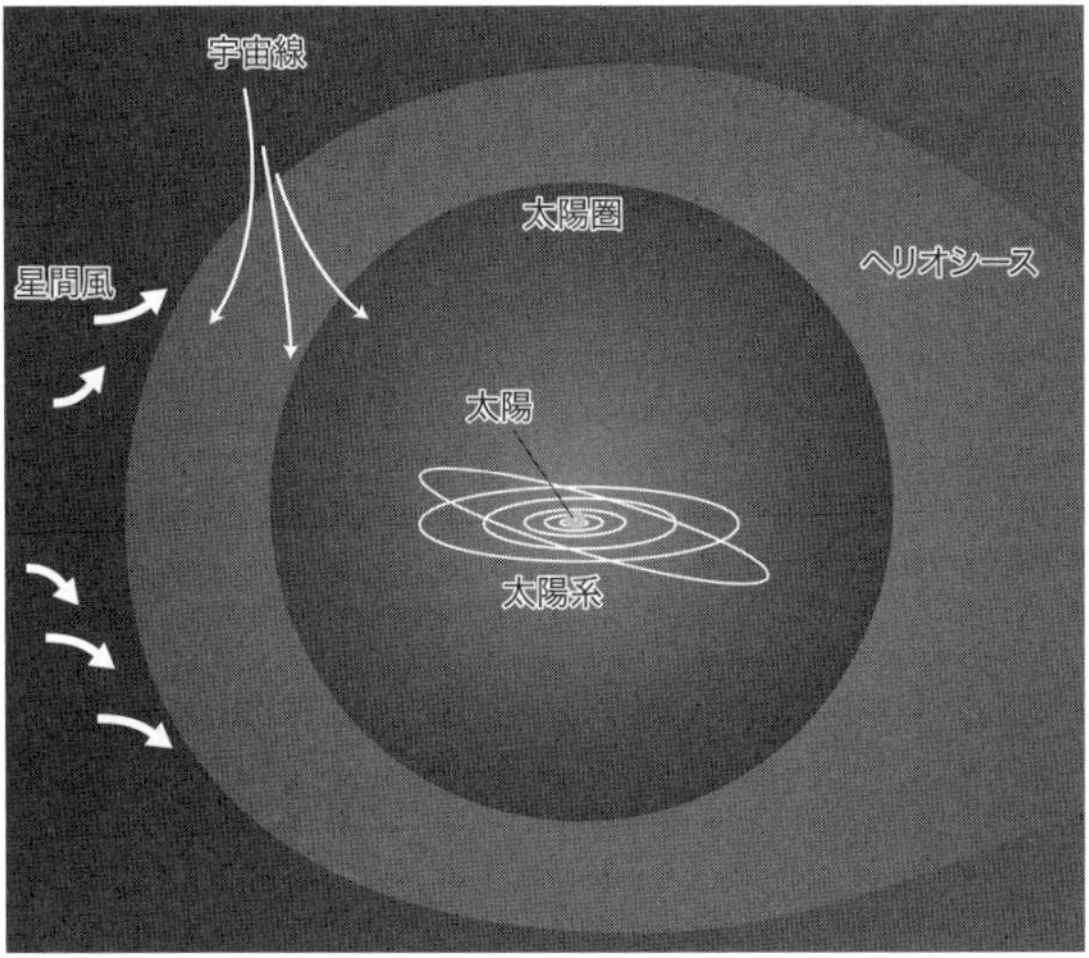

図2-6　太陽圏の模式図　宇宙を飛び交う高エネルギーの宇宙線に太陽圏の磁場が作用することで、地球に届きにくくなる。

陽圏」と呼びます（図2-6）。太陽圏の端のほうでは、銀河系内を流れる水素原子やヘリウム原子などの物質（「星間風」と呼びます）の圧力を受けて太陽風のスピードが落ち、星間風と太陽風が混ざり合った空間になっています（「ヘリオシース」と呼ばれています）。このヘリオシースを含む太陽圏全体が、宇宙を飛び交う高エネルギーの宇宙線をさえぎるシールドの役割を果たしているのです。

太陽系の惑星はどれも、太陽圏の磁場に浸っている状態で、太陽フレアなどが起これば強い磁場の乱れの直撃を受けたりもしますが、一方で、その太陽圏の乱れが宇宙線を遮ってくれてもいて、太陽圏に守られている存在でもあるのです。ところが、太陽の磁場の活動は時間とともに大きく変わります。磁場の強さが変わるだけではなく、実は太陽圏全体に広がる磁場の構造も変わってきます。地球に届く宇宙線の量の変動は、そういった太陽の活動、そして太陽圏の環境などの情報を反映したものとなります。

太陽圏磁場のスパイラル構造

ここで、太陽の磁場がどのように太陽圏全体に広がっているかについて、くわしく見ていきましょう。太陽の表面から吹き出ている太陽風には、大きな特徴があります。それは、太陽の極域のあたりと赤道に近い低緯度のあたりで、速度に大きな差があるということです。極域から非常に速いスピードで風が吹き出ているのに対して、低緯度からは遅いスピードの風が吹き出しています（図2－7）。これは、太陽の黒点の位置に大きく関係しています。太陽の黒点は、おもに赤道から南北の緯度にして30度程度までの低緯度にのみ現れます（図2－8）。そのため、黒点から出ている強い磁場が、太陽自身から出る風にブレーキをかけているのです。その結果、太陽の低緯度から吹き出る風は、極域から出てくる速い風に押され気味になり、低緯度から出る磁力線も低緯度に押し戻されるような形になり、図2－7のように、「磁気中性面」と

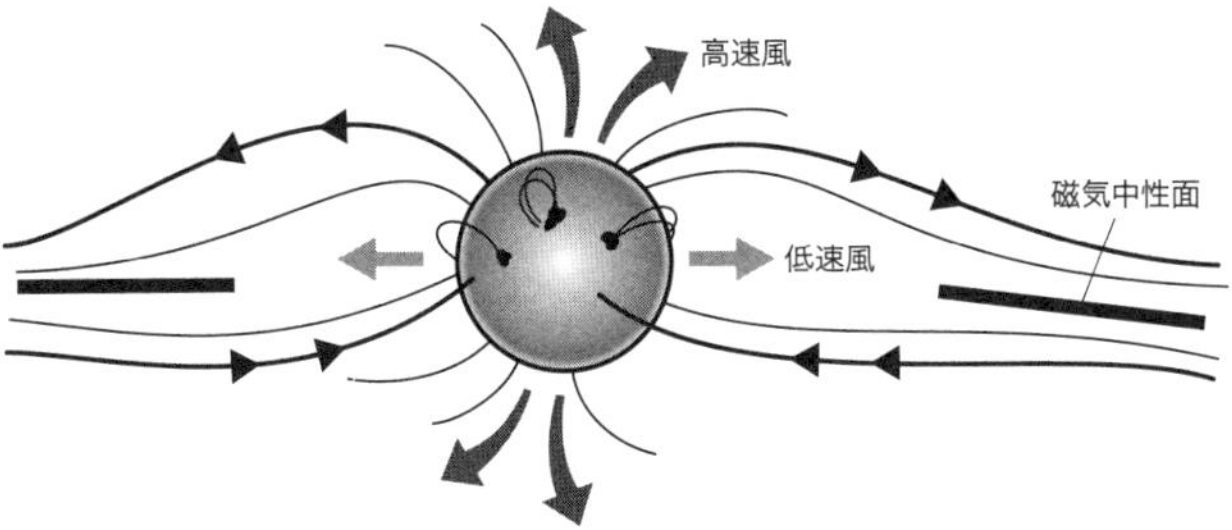

図２-７　速度の速い極域の太陽風が低緯度の低速な太陽風を押し流すため、磁力線の形が変形し、逆向きの磁力線が接する領域（磁気中性面）ができる

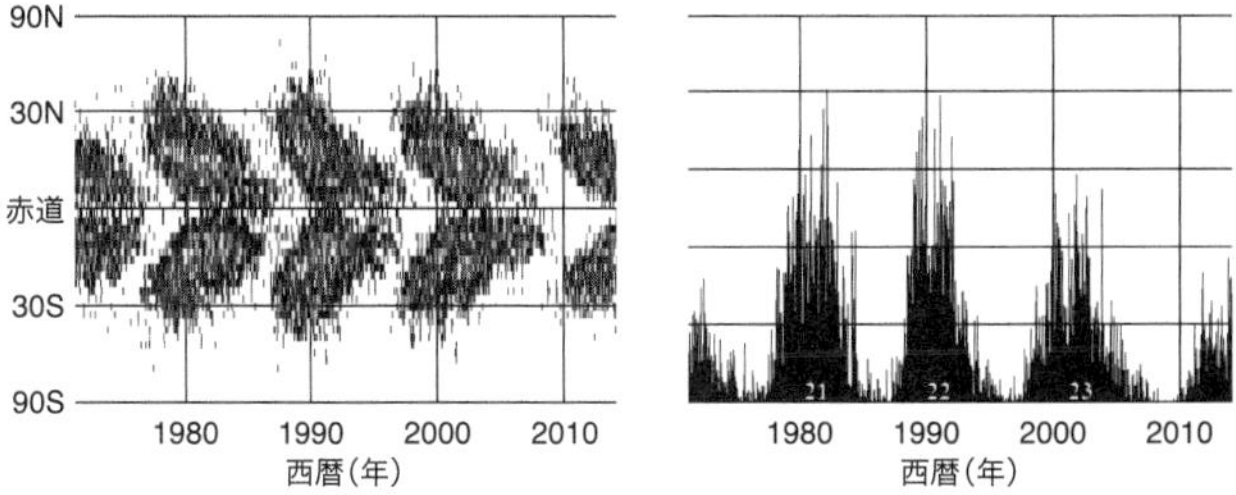

図２-８　黒点が現れる位置を示したバタフライ・ダイアグラム　太陽周期が開始するとともに高緯度から黒点が現れ始め、徐々に黒点が現れる領域が低緯度に変化する。提供：NASA

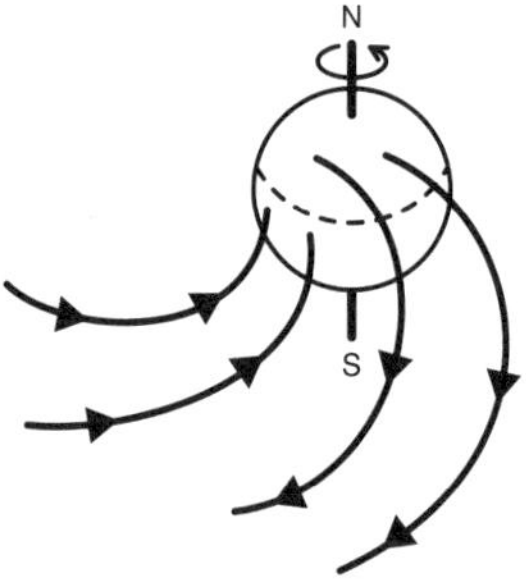

図2-9　太陽風の磁力線の方向
極性が正（北極がN極、南極がS極）のときの状態を示す。

いう、太陽圏に水平に伸びるシート状の磁場をつくり出しているのです。そのシートの上下では、磁力線の向きが逆方向になっていて、片方は太陽から外側へ、もう片方は太陽側へ、磁力線が向いています。そのため、電流が流れやすい状態になっています。磁気中性面は、「カレントシート」とも呼ばれています。正確には、太陽が27日周期で東側へ自転していますので、太陽から外側へ伸びる磁力線は太陽の自転方向に対して後方へ、そして太陽側へ戻る磁力線は太陽の自転方向と同じ方向を向いています（図2-9）。

興味深いのは、このカレントシートの構造が、太陽表面の状態に応じて大きく変化するということです。これは、太陽表面の磁場の分布に大きく関係しています。太陽の表面にはたくさんの黒点が、S極とN極のペアで現れています。それが太陽の磁場の双極子の状態を大きく乱し、見かけ上の太陽磁場の赤道の位置を大きく変えているのです。太陽の活動が低く、黒点がないときには、磁場の赤道はおおむね地理的な赤道と同じあたりになります。それに対して、太陽の表面に黒点が増えてくると、磁場の赤道の線（「磁気中性線」といいます）が赤道からずれて、南北に大きくうねるよう

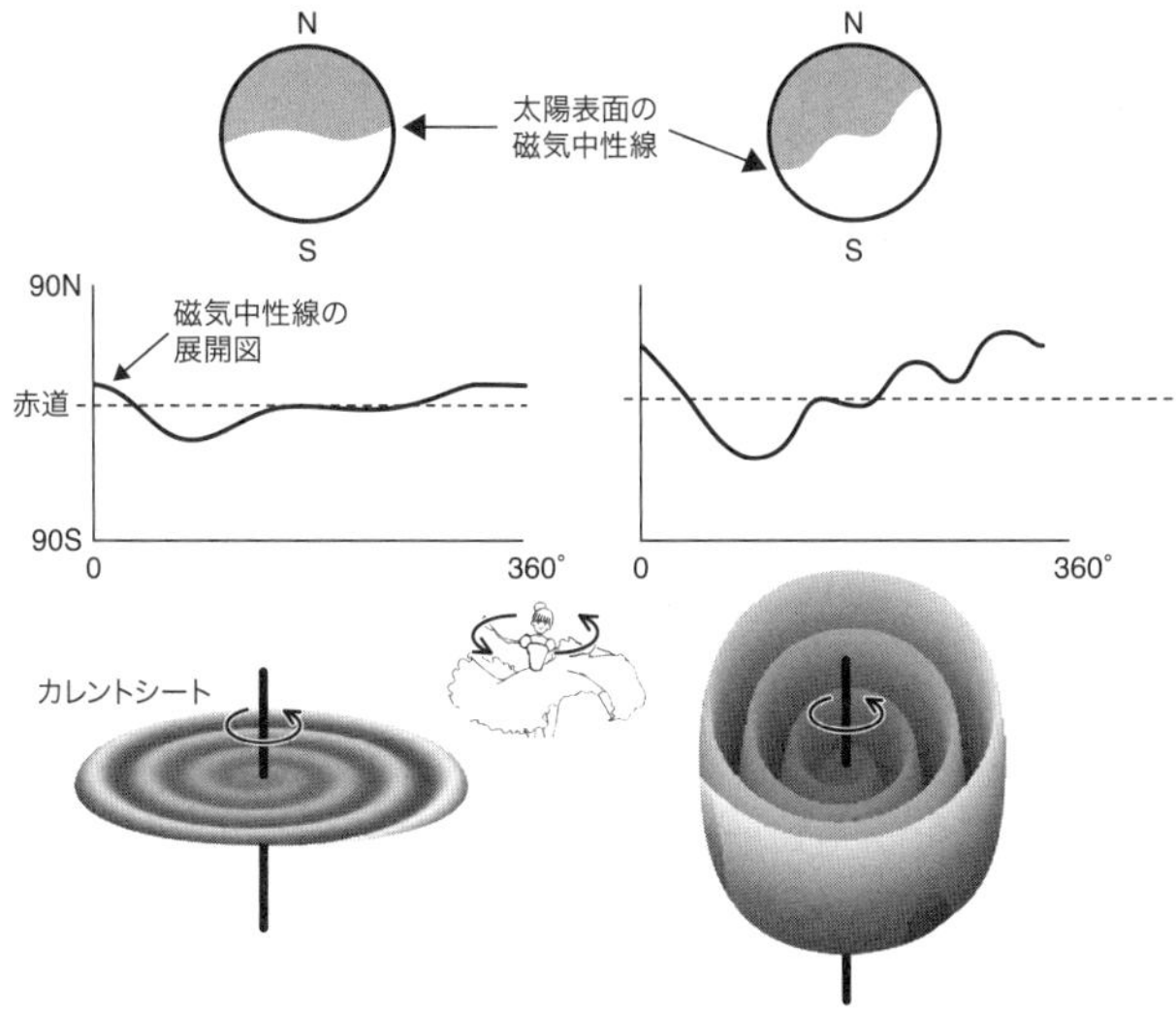

図2-10　太陽表面の磁気中性線のうねりと太陽圏のカレントシートの構造の関係性　左は太陽の活動が低く黒点が少ない場合、右は太陽活動が活発で黒点が多い場合のカレントシートの構造。

な格好になります（図2-10右上）。実際の赤道に対して、磁気赤道が何度くらいの緯度まで達してうねっているか、という度合いを「チルト角」で表し、赤道に重なっているときはゼロ度とします。太陽表面に黒点が増えてきて磁気赤道が実際の赤道から大きくうねってくると、チルト角は70度を超えることもでてきます。

実際の太陽の赤道に対して磁気中性線が大きくうねってくると、その構造を引きずる格好で太陽が自転することになりますので、カレントシートが大きなシェル状の磁場構造に発展するのです。その構造から、しばしば「バレリーナスカート」とも呼ばれたりしています。あるいはこの構造を予言した太陽物理学者ユージン・パーカーにちなんで、「パーカー・スパイラル」とも呼ばれています。パーカー・スパイラルは、太陽表面から黒点が消え、太陽の磁場がきれいな双極子状態になると、平らなシート状になり、そして磁気中性線のうねりがだんだん大きくなってくると、右下の図のようにシェル状の渦巻き構造をつくります。このシェル状の太陽圏の磁場が、外から侵入してこようとする宇宙線を遮るシールドの役割を果たすのです。

太陽圏はどのように宇宙線を遮るか

それでは、太陽圏はどのようにして地球に飛んでくる宇宙線を遮るのでしょうか。宇宙線はほとんどが荷電粒子ですので磁力線にくるくると巻き付きながら太陽圏の中へ侵入してこようとしますが、太陽風は常に外側に向けて流れていますので、全体としては、入ってきた宇宙線をベルトコンベヤーのように外側へ押し戻すような力が働いていています。けれども、エネルギーの高い宇宙線はさらに太陽圏の内側へと侵入してきます。その際、ふたつの特徴的な運動が宇宙線に起こります。ひとつは「ドリフト運動」と呼ばれるもの、もうひとつが「メアンダリング運動」と呼ばれるものです。

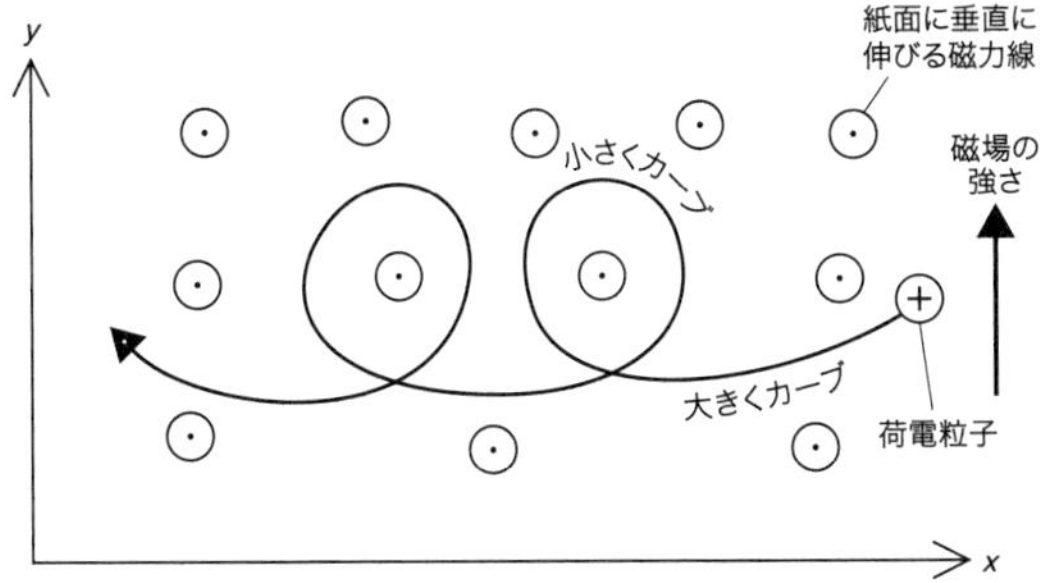

図2-11　磁場の強さに勾配があった場合の荷電粒子の動き　磁力線に巻き付きながらも横方向に軌道がずれる。ドリフト運動と呼ばれる。⊙は、紙面に対して垂直に手前に向いている磁力線を示す。

これらは、のちほど出てくる、なぜ宇宙線が太陽活動周期の倍の周期を持っているのかということに大きく関係してくる重要な運動です。実は、この倍周期が、太陽圏や宇宙線と地球の気候との関係性を探るうえでも大きなカギになってきます。

まずドリフト運動から見てみましょう。荷電粒子は、磁場で満たされた空間の中では磁力線に巻き付くようにくるくると運動します。基本的には見かけ上、同じ磁力線の付近にとどまるように運動します。ところが、もし隣り合う磁場に少しだけ強さの違いがあったとすると、荷電粒子は知らず知らずのうちに横方向に移動していってしまうのです（図2-11）。これがドリフト運動です。もし左右で磁場の強さが違う場所があったとすると、荷電粒子は上下方向に移動していきます。太陽圏の内部では、太陽に

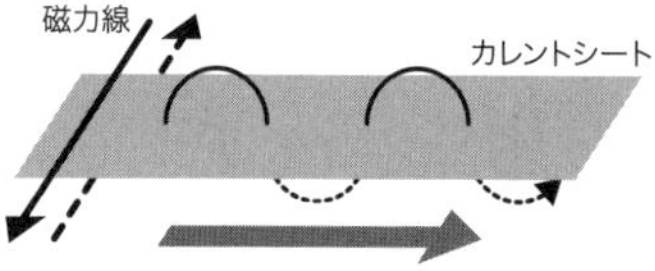

図2-12　カレントシート周辺での荷電粒子の動き　カレントシートの上下では磁力線が逆方向を向いているので、荷電粒子は常に一方向にメアンダリング運動をする。

近い中心あたりで磁場が強くなっていますし、外側にいくにつれて磁場は弱くなりますので、磁場に強弱の勾配があるというふうに考えることができます。すると太陽圏の外側から太陽に向けて飛んでいる荷電粒子があったとすると、その粒子はだんだんと進行方向に対して横方向に進路がずれていって、たとえばカレントシートに落ち込んでしまったり、あるいはカレントシートとは逆方向の太陽圏の南北の極に近い方向に上昇していったりします。

もうひとつのメアンダリング運動は、カレントシートの付近で起こります。カレントシートの上下では、磁力線の向きが逆方向になっていますので、実は荷電粒子は、カレントシートの上下のどちらにあっても、同じ方向に力を受けることになります。すると、時計回りと反時計回りの半円を繰り返し描くような形で、一方向に移動していきます（図2-12）。太陽活動が活発なときは、カレントシートがうねっていますので、太陽圏のごく内側にいる地球に近づくまでにとても長い距離を移動することになります。宇宙線はそのあいだにエネルギーを徐々に失っていきます。

以上のような太陽圏の定常的な影響に加えて、時折さらに強いシールドが働きます。

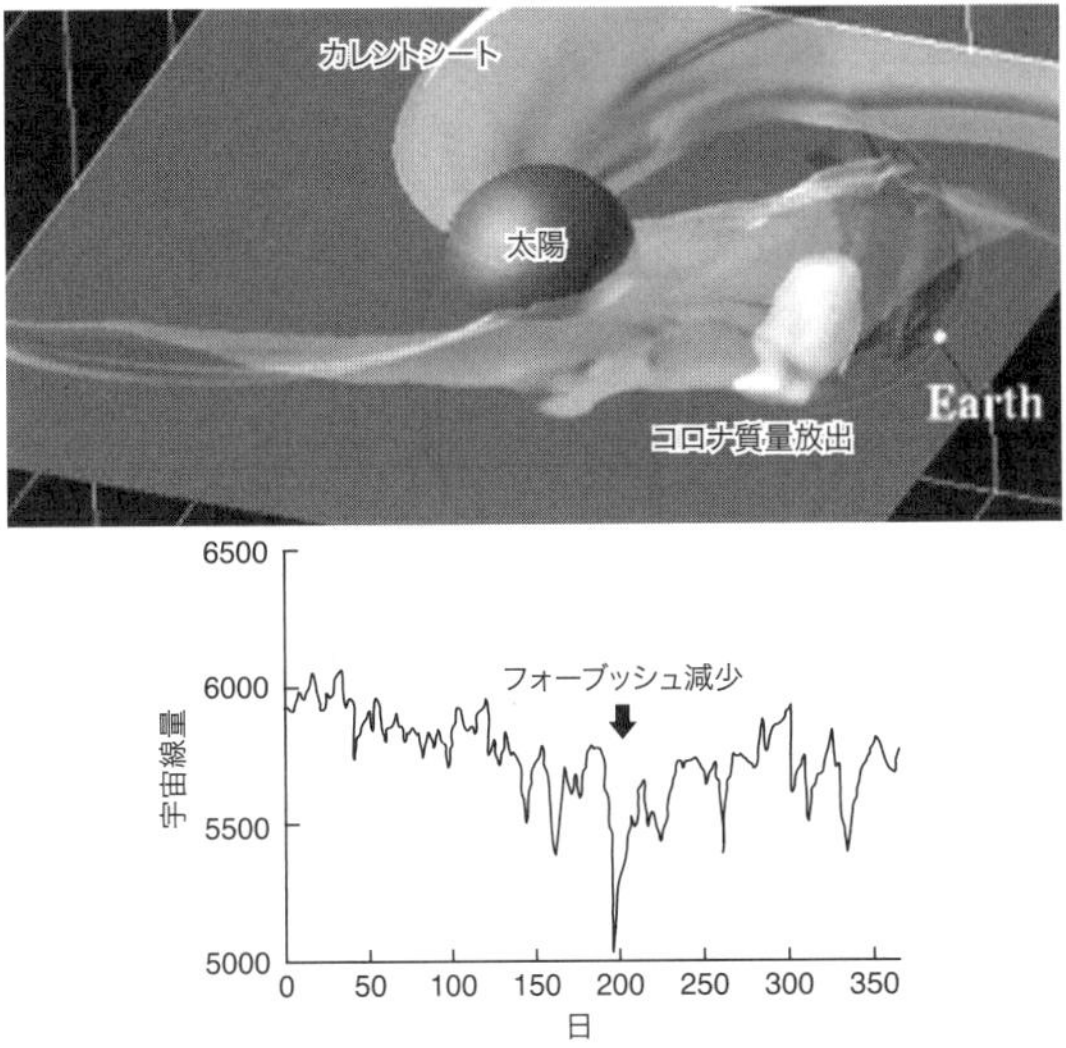

図2-13　フォーブッシュ減少　太陽フレアによって地球側にコロナ質量放出が飛び出した場合には、強い磁場によって地球周辺の荷電粒子が一掃され、数日間、宇宙線量が減少する。下は、フォーブッシュ減少時の宇宙線量の変動。Kataoka, et al., 2009 より作成。

太陽フレアにともなって飛び出てくる非常に強い磁場が、局所的に宇宙線を強く遮る効果です。これは、地上では、数日間だけ宇宙線量が数%以上減ってしまう「フォーブッシュ減少」として観測することができます（図2-13）。太陽フレアからコロナ質量放出が地球方向に飛び出したときに、一時的に強い磁場が地球を通過することによって宇宙線が一掃される効果によるものです。太陽活動が非常に活発になる11

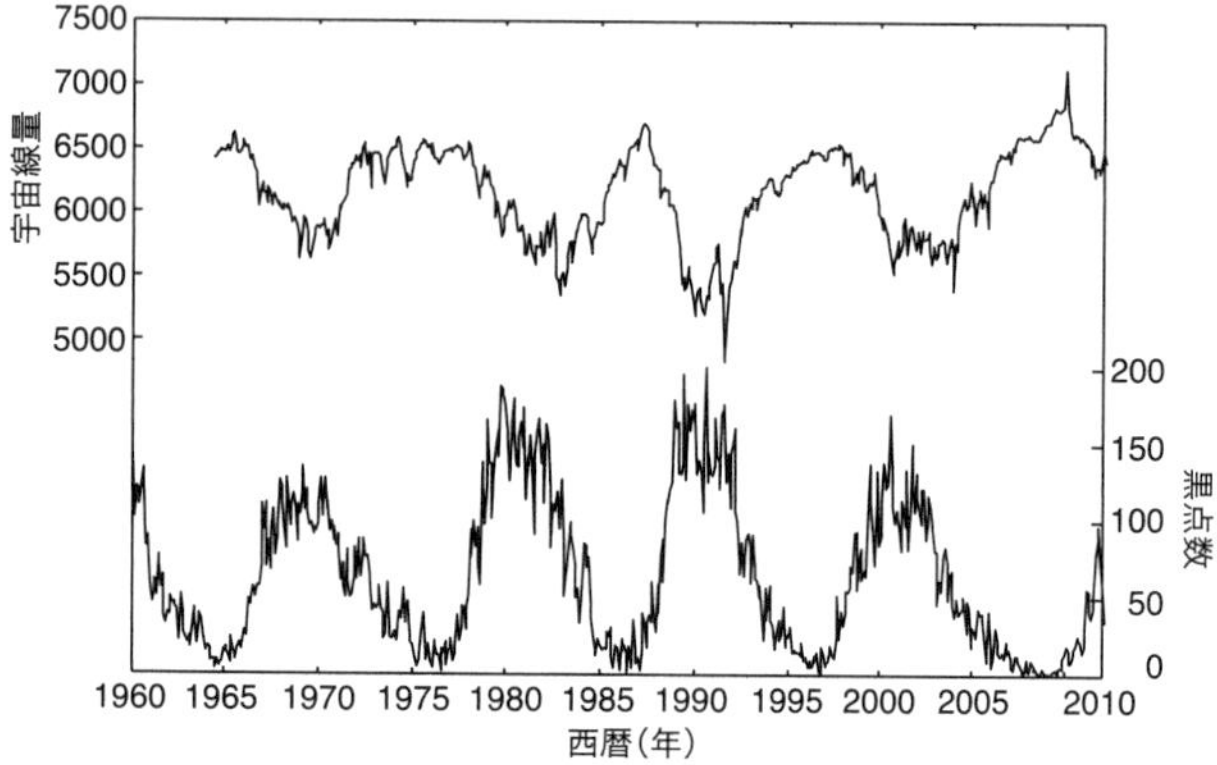

図2-14　中性子モニターで観測された宇宙線の変動　下側が黒点数の変動で上側が宇宙線量の変動。宇宙線はオウル大学のデータ、黒点はWDC-SOLSOのデータより作成。

年周期の極大のときにこの現象の頻度が高くなり、宇宙線がシールドされる効果が強くなります。地球側でフレアが発生するのはおよそ27日に1回、あるいはフレアを起こさずに黒点が裏側に回って次に地球側にきたときにフレアを起こすこともあるので、その場合は54日に1回程度となります。11年周期の極大で、宇宙線の変動に27日周期や54日周期の成分が強く現れるのは、この太陽フレアによって起こるフォーブッシュ減少の影響です。

宇宙線量の11年周期変動

ここで、実際に地球で観測される宇宙線のデータを見てみましょう（図2-14）。世界各地に、「中性子モニター」と呼ばれる観測装置が置かれ、50年以上にわたって宇宙線の観測が続けられています。宇宙線がどれくらい地球に降り注いできたかの情報とともに、太陽の状態や太陽圏の状態に関する情報も秘めたものです。太陽の磁場が太陽圏の外側まで広がるのに1年ほどかかりますので、ほんのわずかですが、宇宙線の変動が黒点数の11年変動に対して遅れているのが見て取れます。しかし基本的には、黒点数の増減にともなって、地球に降り注ぐ宇宙線の量は、逆相関で変動しています。さらに、黒点数の11年周期でのアップダウンが大きくなると、宇宙線の11年周期のアップダウンも大きくなるということも見えてきます。このようにして、宇宙線も11年周期だけでなく長期変化を持ちます。２００８年の12月に太陽活動が低下した際には、１９６０年以降の観測史上でもっとも低い太陽活動度となりましたが、その影響で地球に到達した宇宙線は史上最大の量を記録しました。

本章一節でも簡単に触れたように、宇宙利用などで問題になる被ばくにおいては、巨大な太陽フレアによって太陽から大量に飛んでくる太陽宇宙線だけでなく、太陽圏で防ぎきれずに地球に飛んできてしまった高エネルギーの銀河宇宙線が大きく影響します。とくに、月面に基地を建設して長期的に滞在する場合や、有人探査機で火星などへ向かい、滞在あるいは移住するような場合には、銀河宇宙線の被ばくをいかに防ぐかが重要になってきます。

月面基地は、被ばく量を少なくするため、建物にレゴリスを振りかけて壁を厚くするといった対策が施される予定ですが、火星に移動する際には往復するだけで660ミリシーベルト以上被ばくすると見積もられていて（宇宙飛行士が生涯で浴びてもよいとされている量は、年齢や性別によって500～1000ミリシーベルトです）、これを解決できないかぎりは火星への進出は難しい状況です。

太陽宇宙線の影響は、太陽フレアが頻発する太陽活動の11年周期のピークでより重大になってきますが、銀河宇宙線による被ばくは、太陽活動が低下するほど影響が大きくなってきます。太陽活動が低調になると、通常20％以上放射線量が増えますし、太陽活動が通常よりも低下してしまうと、さらに被ばく量が増えます。宇宙で活動する期間を数十％単位で短くしなければならないという考え方からすると、太陽活動が低下すると宇宙利用は少し不利な状況になります。太陽活動や太陽圏の環境の予測は、宇宙利用の計画を練るうえでも非常に重要なのです。

太陽磁場の反転の影響による宇宙線の22年周期変動

さてここで、宇宙線と気候変動との関係性を探っていくうえで重要となってくる、宇宙線のもうひとつの特徴についてくわしく見ていきます。宇宙線が持つ重要な特徴は、太陽活動が11年周期で変動しているのに対して、宇宙線量の変動には11年周期だけではなく22年周期の変動があるという点です。これは、太陽の磁場の反転と関係しています。

太陽の表面は黒点などの磁場によって大きく乱れていますが、大局的には棒磁石と同じように双極子磁場になっています。北極がN極であれば南極がS極、北極がS極のときは南極がN極ということになります。ところが、地球が何十万年に1度程度しか磁場の向きを反転させないのに対して、太陽は頻繁に磁場の向きを変えているのです。図2-15aにあるように、太陽活動が活発になって黒点数がピークを迎えたときに反転していますので、11年に1回反転していることになります。

黒点はN極とS極のペアで現れますが、その片方が極域へ、そしてもう片方が赤道域へ運ばれることによって、極域にもともとあった磁極が次第にキャンセルされ、磁場の反転が起こります（図2-15c）。その模式図が、図2-15bです。たとえば、図2-15b右にあるように、北極にN極がある状態のときには、S極の磁場が極域に少しずつ運ばれ、そしていずれS極に反転します。南極では逆に、S極が集積しているところへN極が運ばれてきて、N極に反転します。

この太陽の磁場の反転が、太陽圏に浸入してくる宇宙線に重要な影響を与えるのです。スパイラル状の磁場に巻き付きながら太陽圏の内部に侵入してくる宇宙線にかかる力の向きを完全に逆方向にしてしまい、宇宙線がそれまでとは真逆の方向に運動するようになってしまうのです。たとえば、カレントシートに沿って図2-12のような

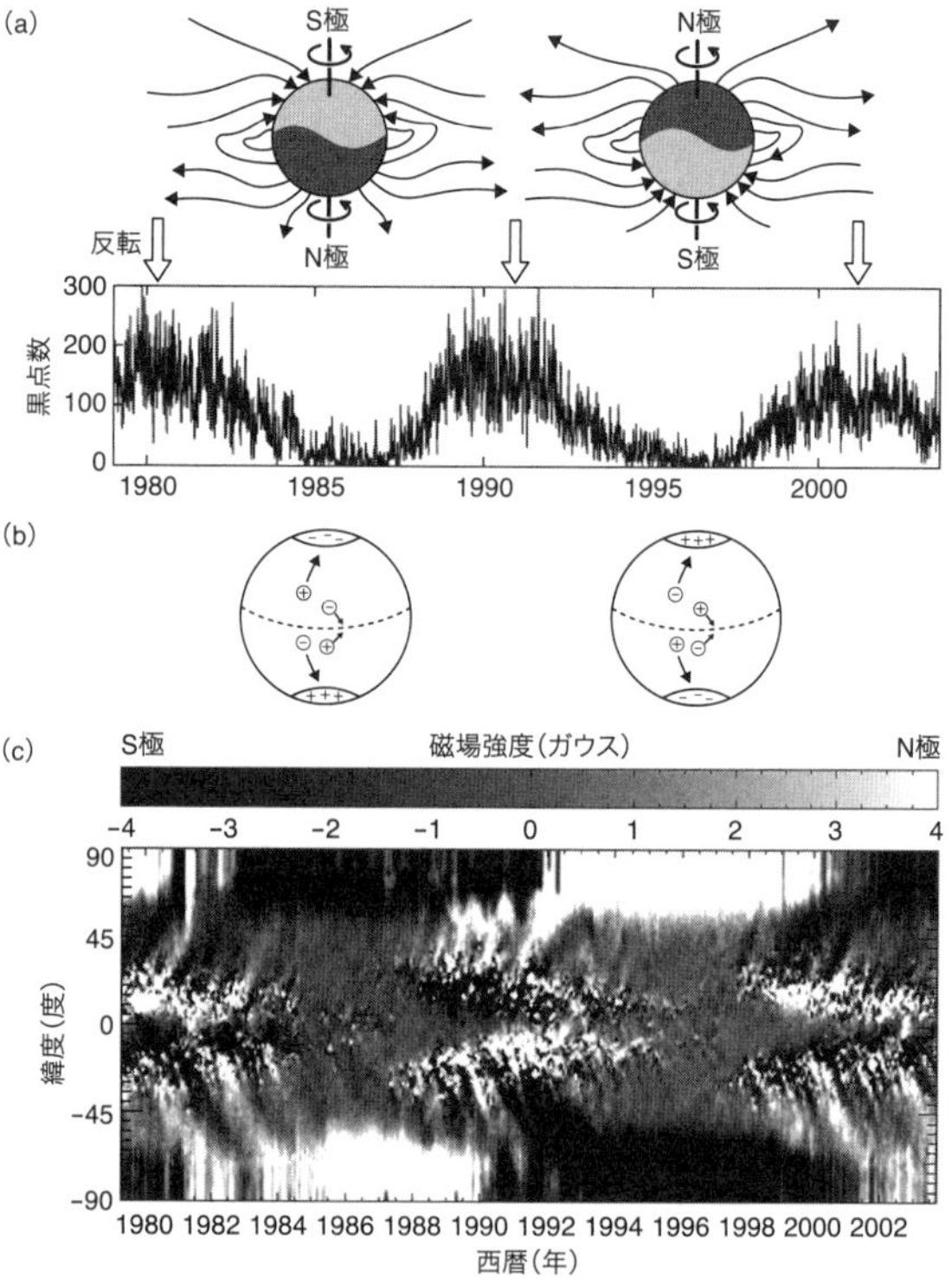

図2-15　太陽表面の磁場の極性を年代ごとに示したダイアグラム　低緯度域に黒点に由来するN極とS極の磁場のペアが現れ、その片方が極へ、もう片方が赤道へ移動する。極へ運ばれた磁場が、極域に集中している逆の極性の磁場を少しずつキャンセルしていくことで極性が反転する。上：NGDC/NOAA、下：NASA, Hathaway, 2012より。

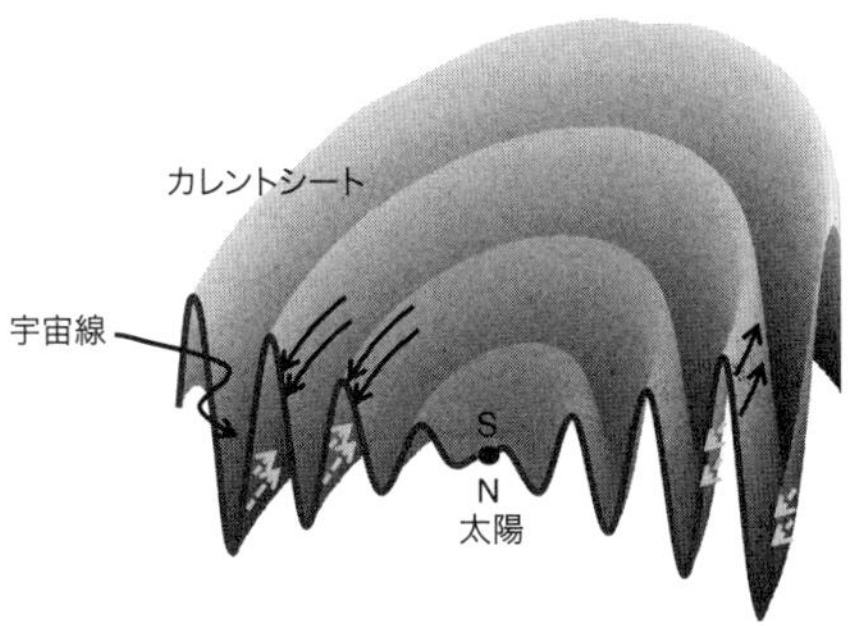

図2-16　太陽の磁場が負極性（南向き）のときの宇宙線の伝搬方向　カレントシートに沿って太陽圏の中心方向に宇宙線が移動し、一方で太陽圏の南北両極方向へ抜ける道筋をたどる。逆に正極性のときは、太陽圏の極方向から中心方向へ、そしてさらにカレントシート沿いに外側へという道筋をたどる。実線と破線の矢印は、カレントシートの北側と南側での磁力線の方向を表す。

メアンダリング運動している宇宙線の移動方向を見てみると、太陽の磁場が南向き（北極がS極、南極がN極）になっているときは、宇宙線は図2-16のようにカレントシートに沿って太陽圏の内側に向かって伝搬しやすい状況になっていますが、太陽の磁場が北向き（北極がN極、南極がS極）に反転すると、図2-16中の宇宙線の矢印とは逆に太陽圏の外側方向に向かって移動しやすくなります。

カレントシートから少し離れたあたりでは、太陽圏の極域の方向へ宇宙線が移動しやすくなっていたのが、太陽の磁場が北向きに反転すると、逆に太陽圏の極域の方向から宇宙線が侵入してくることになります。その動きをつなげると、太陽の磁場が北向きのときは、宇宙線が太陽圏の極域から太陽方向へ、そしてカレントシートに沿って外側へ、という大循環を起こすのに対して、太陽の磁場が南向きのときはカレントシートに沿って太陽圏の中心方向へ移動して極域に上昇あるいは降下する、というような大循環になります。このふたつの大循環のパターンが、11年ごとに交代するのです。

太陽圏の極域の方向から宇宙線が侵入しやすくなっているときは、太陽圏の水平方向に伸びるカレントシートの乱れ具合は宇宙線にはそれほど影響しません。逆に、カレントシートに沿って宇宙線が侵入してくる年には、カレントシートがどの程度うねっているかが非常に重要となります。うねり具合が大きいほど、地球に届く宇宙線の量は減ります。逆に、太陽の活動が低下してカレントシートが平らになると、カレントシートを伝って大量の宇宙線が押し寄せてきます。地球に届く宇宙線の量の変化(図2－14)を見てみると、太陽磁場が北向きの1970年代と1990年代は、量が比較的多い状態が続きやすくなっているのに対して、太陽磁場が南向きの1980年代と2000年代は、太陽活動のアップダウンがより明確に宇宙線のアップダウンに反映されていることが見て取れます。

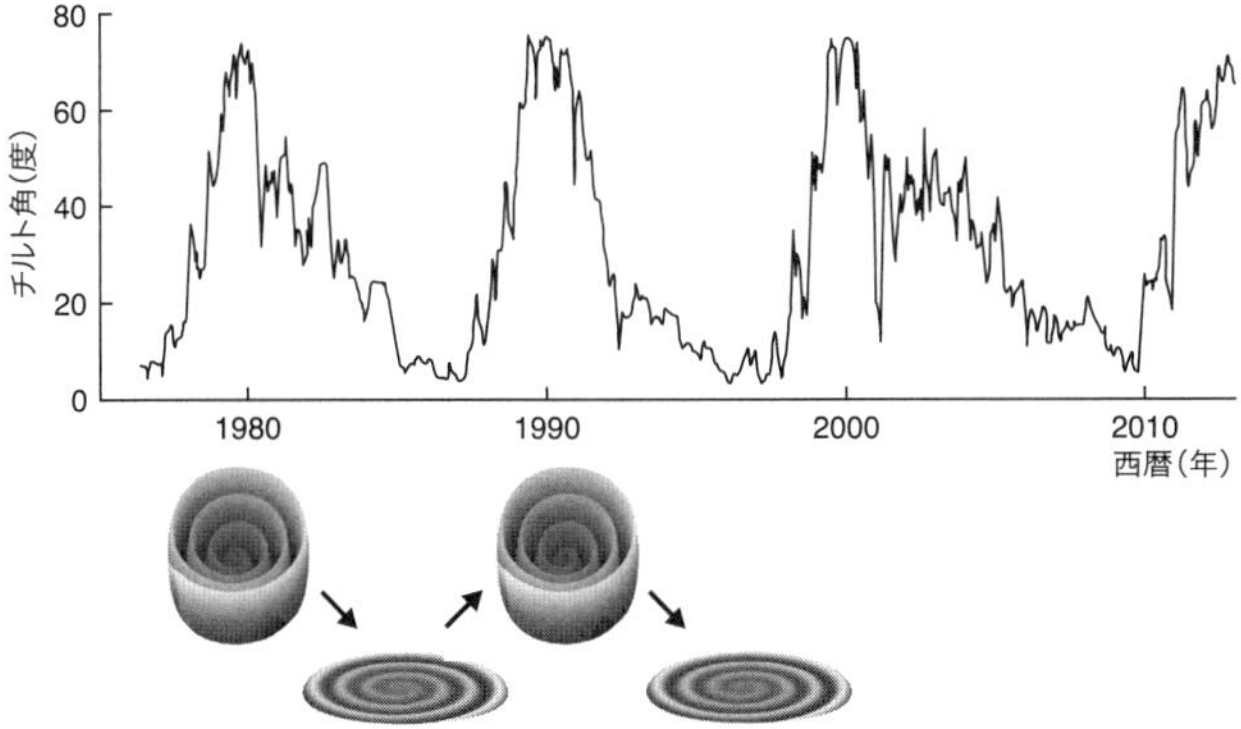

図2-17　カレントシートのチルト角の11年周期変動　太陽活動の極大でチルト角が75度程度に増大し、パーカー・スパイラルが大きく成長する。一方で、太陽活動の極小では、パーカー・スパイラルが平坦になる。Hoeksema, 1995をもとに作成。

太陽圏の構造と宇宙線量

太陽の表面で磁場の構造が乱れて、実際の赤道に対して磁場の赤道がうねり、チルト角が大きくなると、カレントシートのうねりのアップダウンは大きくなります。このチルト角は、通常の場合、太陽活動の11年周期の極大では75度近くまで増加し、そして黒点数が減ってくると5度近くまで減少します（図2-17上）。そして、それがカレントシートのうねりの角度に反映されます（図2-17下）。ですから、黒点数がゼロになったとしても、通常はまだカレントシートには多少のうねりが残されていて、宇宙線に対してわずかながらシールドの役割を果たしています。

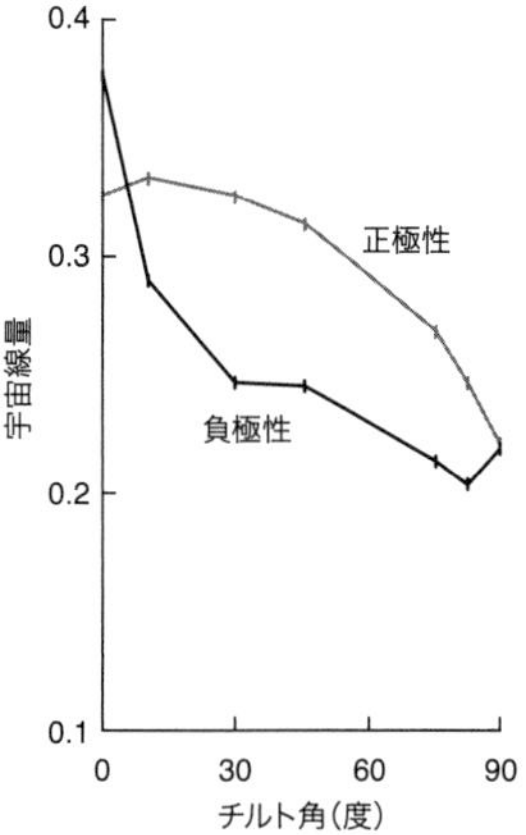

図2-18　太陽磁場の極性が正および負の場合の宇宙線量の比較　地球に届く宇宙線量は、チルト角によって変わるほか、極性によっても大きく変わる。Kota & Jokipii, 2001 のデータをもとに作成。

図2-17のように11年周期で変動する太陽圏の構造と宇宙線量との関係性については、アリゾナ大学の研究グループが数値計算を行っており、うねりの度合いと太陽磁場の向きに応じて宇宙線が地球に届く量の変動がどのようになるかを詳細に研究しています。そして、太陽磁場のうねりが小さくなるにしたがって、どれくらい地球に宇宙線が届きやすくなるか、また、それが太陽磁場の極性に応じてどれくらい異なるのか、ということに関して興味深い計算結果を示しています（図2-18）。実際に中性子モニターで観測されている変動のように、磁場の向きが変わるだけで、確かに宇宙線の届きやすさが大きく変わることを示しています。また、宇宙線の届きやすさがうねりの度合いにも敏感に応答していることがわかります。このようにして、宇宙線の22年周期の変動には、太陽圏の磁場の大規模構造が反映されるのです。

三　復元された太陽活動

過去に何度も起こっていた無黒点期

樹木に含まれている炭素14を用いて太陽活動を復元したデータから明らかになってきたことは、17世紀に発生したマウンダー極小期のような太陽活動の異変が、過去たびたび起こっていたということです。つまりこれは異変でもなんでもなく、太陽活動のリズムのひとつであるということと、そして今後もたびたび起こるであろうことを意味しています。過去1万年間の炭素14の濃度のアップダウンから太陽活動のリズムをたどっていくと、マウンダー極小期のような太陽活動の低下は、およそ1000年から300年程度に1度発生するということが見えてきます。たとえば過去1000年間だけでも、オールト極小期、ウォルフ極小期、シュペーラー極小期、マウンダー極小期、ダルトン極小期と、5回の極小期が発生しました（図2-19）。それぞれ、継続していた期間は異なりますが、数十年以上にわたって黒点が太陽の表面から姿を消していたと考えられます。時折、マウンダー極小期に匹敵する出来事が500年以上にわたって発生しにくくなるような時期もあるようですが、その原因はまだよくわかっていません。

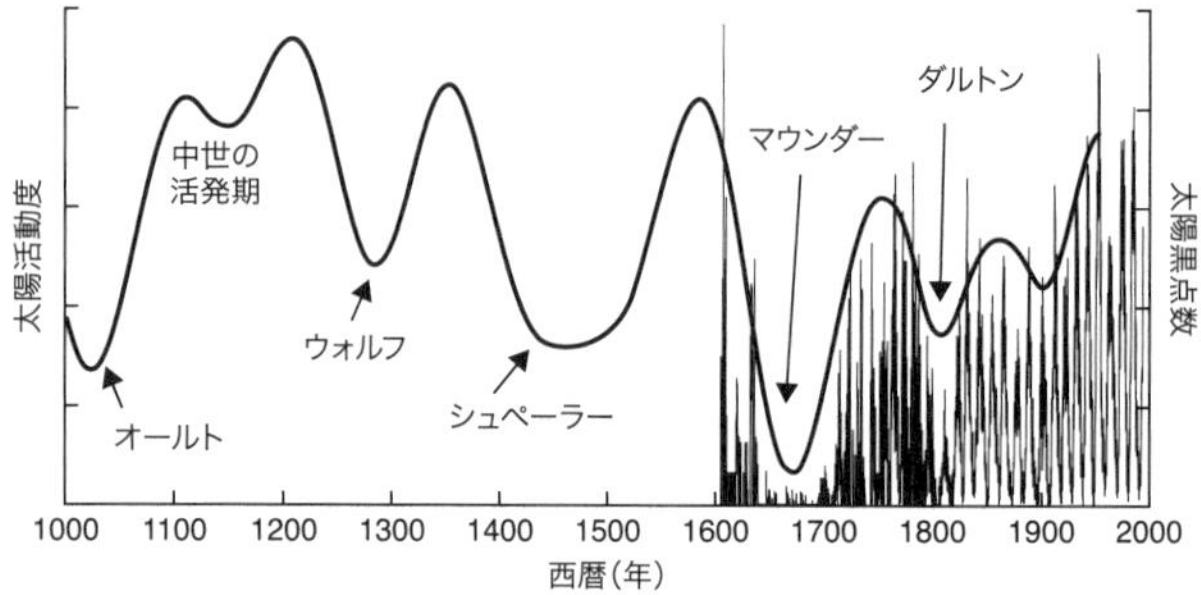

図 2 - 19　炭素 14 から復元された過去 1000 年間の太陽活動の変動　1600 年以降については黒点数と非常によい一致を示している。太陽活動の低下は 5 回発生しており、オールト極小期（1010～1050 年）、ウォルフ極小期（1280～1350 年）、シュペーラー極小期（1416～1534 年）、マウンダー極小期（1645～1715 年）、ダルトン極小期（1798～1823 年）と呼ばれている。Stuiver, et al, 1998 と Hoyt & Schatten, 1998 のデータをもとに作成。

炭素14によって明らかになった太陽活動の変動が実際に太陽活動の歴史と対応しているのかについては、エディが、1976年に発表した「マウンダー極小期」という論文の中でくわしく検証しています。裸眼観測による黒点のデータと炭素14のデータを比較したのです。望遠鏡による黒点の観測データは、17世紀初頭までしかさかのぼることができませんが、実はそれ以前でも、散発的なものにはなりますが、裸眼による黒点の観測記録が残されているのです。たとえば図2－20のように、スケッチや大きさについての記述が残されています。黒点は、古くは3000年前頃から裸眼で観測されてきました。多くは吉凶を占うために観測されていたようで、中国などに数多くの記

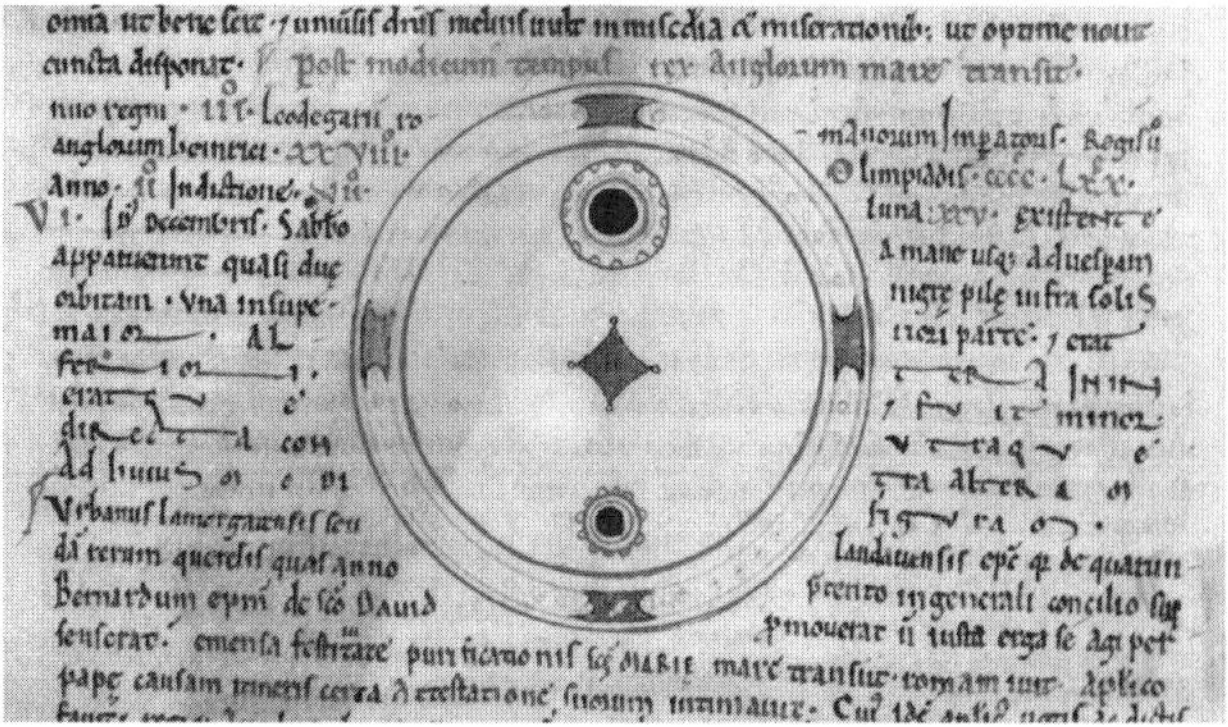

図2-20　1128年に残された裸眼観測による黒点のスケッチ

録が残されています。恒久的に見える天空において唯一大きく変化を見せるものとして、太陽や月、そして惑星が観測され、そしてその時代の支配者の世を占う材料に使われてきたのです。

裸眼によって観測できる黒点は、サイズが大きいものに限られるのでデータの数は少ないですが、太陽活動の活発化がいつ起こっていたかを知るという意味ではむしろ好都合といえるかもしれません。データをたどると、12世紀から13世紀頃にかけて、非常にたくさんの黒点が裸眼で観測されていたということがわかります。逆に、炭素14で見つかった極小期の時期には、観測された数が極端に少ないこともわかります。

では極小期は、いったん始まってしまうとどのくらいの期間継続するのでしょうか。炭

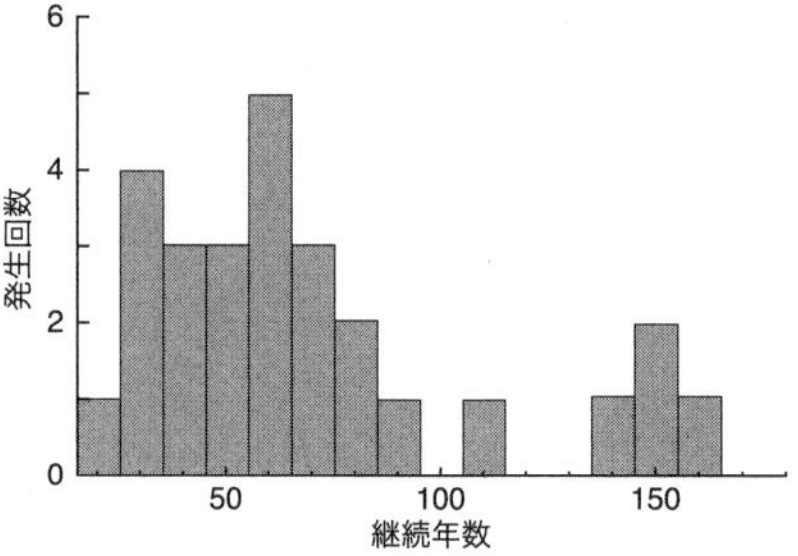

図2-21　炭素14の変動によって調べられた、極小期の継続年数　Usoskin, et al., *A & A*, **471**, 301, 2007, reproduced with permission ©ESO

素14のデータから極小期の継続時間をくわしく見てみると、短いもので20年程度、長いもので150年程度続くようです（図2-21）。30〜80年程度続く場合が多いようです。15世紀に始まったシュペーラー極小期は過去1000年間の極小期の中では最長ですが、それでも120年程度ですので、それよりも規模の大きな極小期が存在するということになります。

肝心の、太陽活動極小期の開始の仕方についても見ておきましょう。太陽活動の低下がどのように始まるかについては、突如として開始するという説と、数十年かけて徐々に低下していくというふたつの説がありました。しかし最近の研究では、後者を支持するデータが増えつつあります。17世紀の黒点のスケッチをかき集め、より多くの観測事例に基づいて検討した研究では、マウンダー極小期が、開始の20年ほど前から徐々に黒点が半減していくような形で始まったことを示しています。

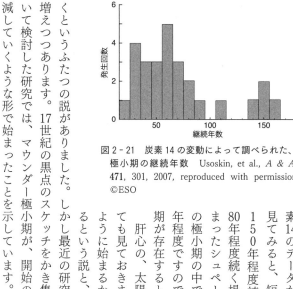

樹木に残された太陽の〝心音〟

　興味深いことに、炭素14のデータでも、極小期が徐々に発生していくというような傾向が見えています。私は、マウンダー極小期やシュペーラー極小期などの時期に、太陽の〝心拍〟ともいえる11年周期がどのような振る舞いをしていたのか、ということを研究してきました。極小期のあいだ、ひょっとしたら11年周期は完全に止まっていたかもしれないし、弱々しくも続いていた可能性もあります。年輪を1枚ごとにはがして太陽周期の正確な長さを調べていったところ、極小期が始まる少し前から、11年周期が伸び始めていたことがわかったのです。通常は約11年の長さの太陽活動の周期が、2～3サイクル前から約12～16年の周期に伸び始め、そして黒点が長期にわたって消えてしまうということがわかりました。さらには、黒点が消失しているあいだは、太陽活動の周期が14年というゆっくりとしたリズムで続いていたことも判明しました。逆に中世の極大期の太陽活動のサイクルを見てみると、何サイクルにもわたって8～9年程度の周期が続いていたことが示されました。

　活動が低下したときの周期の伸びは何を意味するのでしょうか。これまで見てきた黒点の生成の過程から考えてみると、太陽内部の対流層での循環が遅くなり、黒点を生成する効率が落ちたことがひとつの可能性として考えられます。黒点として内部から浮き上がってきた磁場が、いかに効率よく南北の極に運ばれるかということが、次のサイクルの黒点数のピークを決める重要なパラメータになります。極に運ばれた磁場が、ふたたび内部へ運ばれて、次のサイクルの黒点の種となるためです。11年周期が伸びてしまう、つまり太陽内部での物質の流れが全体的に遅くなってしまうと、極に効率よく磁場が運べなくなり、極に集められる磁場が減ってしまいます。そして次の周期の黒点数が減ってしまうのです。望遠鏡で観測された18世紀以降の黒点数の変化を調べた研究では、確かに周期が伸びた次のサイクルは、黒点数のピークが低めになる傾向が見えています。インド科学研究所のアーナブ・チョウドリ教授らの研究グループによると、12～13年程度に周期が伸びてしまった場合、両極の磁場を半分程度にしてしまう効果があるとのことです。逆にいうと、1サイクルしか周期が伸びなかった場合には、黒点数が半減する程度で、大規模な極小期にはなりません。1回周期が伸びて黒点数が半減したのちにもう1回周期が伸びると、さらに黒点数が減って、黒点数ゼロの時代に入るということが考えられます。マウンダー極小期でも、シュペーラー極小期でも、確かに開始前には少なくとも2サイクルにわたって周期が伸びていたことが炭素14のデータから見えています。

19世紀初頭に黒点数のピークが小さくなってしまったダルトン極小期の場合は、直前の1サイクルのみ周期性が伸びてしまっています（図2-22）。このときサイクルは13・7年にまで伸びました。ところが次のサイクルでは周期長が12・6年程度に回

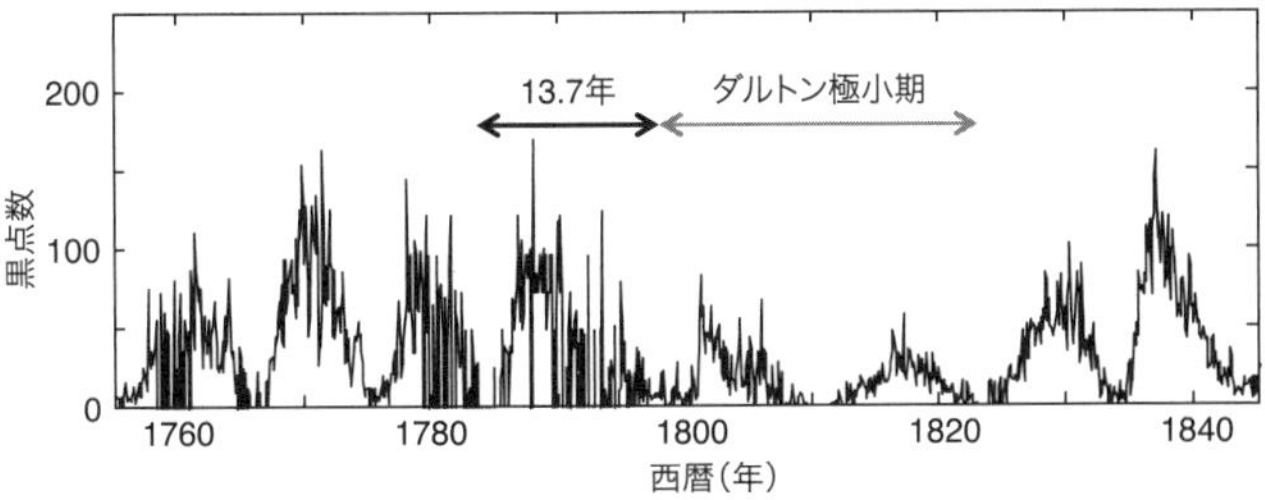

図2-22　ダルトン極小期前後の黒点数の変動　1784年に開始した太陽周期が13.7年に伸びている。ダルトン極小期の2つのサイクルは、それぞれ12.6年と12.4年に伸びた。Hoyt & Schatten, 1998のデータをもとに作成。

復し始めています。マウンダー極小期のような完全な極小期になりそこなったパターンであると考えられます。

活動周期の長さと活動度との関係性については、太陽型恒星でも似たような傾向が報告されています。太陽型恒星の場合、周期性がほとんど見られないような星も数多くあり、議論は難しいのですが、周期性がある星に関していえば、活動度が低いほど周期は長くなる傾向にあるようです。現時点で徐々にマウンダー極小期のような活動の低調期に入りつつある星も見つかっています。太陽型恒星の場合、なかなか長期間にわたるデータが得られないのが難点ですが、今後のさらなる観測で、マウンダー極小期に突入しつつある恒星のデータから貴重な情報が得られてくることと思います。

正確な太陽活動の復元をめざして

太陽周期の復元は、太陽の心拍数の推移を診断して、内部でどのようなことが起こっているかを推定するのに役立ちます。しかし一方で、太陽活動の気候への影響を考えるうえでもっとも重要なのは、長期的に太陽活動がどのように変動してきたかを正確に示す絶対的な指標でしょう。

炭素14もベリリウム10も、太陽活動の変動の情報を間接的に示していますが、濃度の絶対値は物質循環の変化の影響を受けてしまうことが多々あります。たとえば、炭素14の場合は、気候が変わることによって海洋循環のスピードが変わり、生成された炭素14が海洋に取り込まれる効率が変わることで大気中の濃度が変わってしまいます。炭素14をあまり含まない二酸化炭素が海洋から放出されることによって、濃度が下がってしまう可能性もあります。一方でベリリウム10の場合は、気候が変わることで地球全体での大気の流れや速度が変わって、ベリリウム10が極域から中緯度・低緯度へ、あるいは低緯度から極域へ輸送される効率が変わったりすることの影響が考えられます。

ですから、炭素14やベリリウム10のデータから太陽活動の正確な活動度を知るには工夫が必要になってきます。気候変動の影響を取り除く方法としては、炭素14やベリリウム10のデータをいくつも取得して、共通な変動成分だけを取り出す、という方法が取られています。氷の場合、気候が変わることで降雪量が増えてしまった際などにベリリウム10が強く希釈される効果などもあります。それについては、降雪量の変動を酸素同位体などを使って復元しておき、その値を使ってデータを補正します。

炭素14やベリリウム10から太陽活動を推定するうえで大きな不確定要素となるものには、気候変動の影響のほかに、地磁気の影響があります。地磁気は、太陽磁場が防ぎきれずに地球にきてしまった宇宙線をさらに遮る役目を果たしています。けれども、その強度は地球内部の状態に応じてゆるやかに変化しています。地磁気の変動は、それ自身は非常に面白い情報ですが、太陽活動の変遷を正確に知りたい場合にはむしろ邪魔な存在です。地磁気の変動の情報を炭素14やベリリウム10のデータから取り除く方法としては、海や湖などの底の地層に残された残留磁気を測定して地磁気強度の変動を復元し、炭素14やベリリウム10の変動から地磁気変動の成分を差っ引くという方法が取られています。残留磁気は、火山噴火によって流出したマグマが冷えて固まる際、鉄やニッケルを含むマグマがそのときの地磁気の強度に応じて磁化されることによって生じます。さらには、磁気を帯びた鉱物が湖の底に堆積するときに、方位磁石のようにそのときの地球の磁場の北を向いて堆積することから、当時の地磁気の向きも地層に記録されます。ですから、地層を丹念に分析していくことで、連続的な地磁気の強度や向きなどの情報が得られるのです。

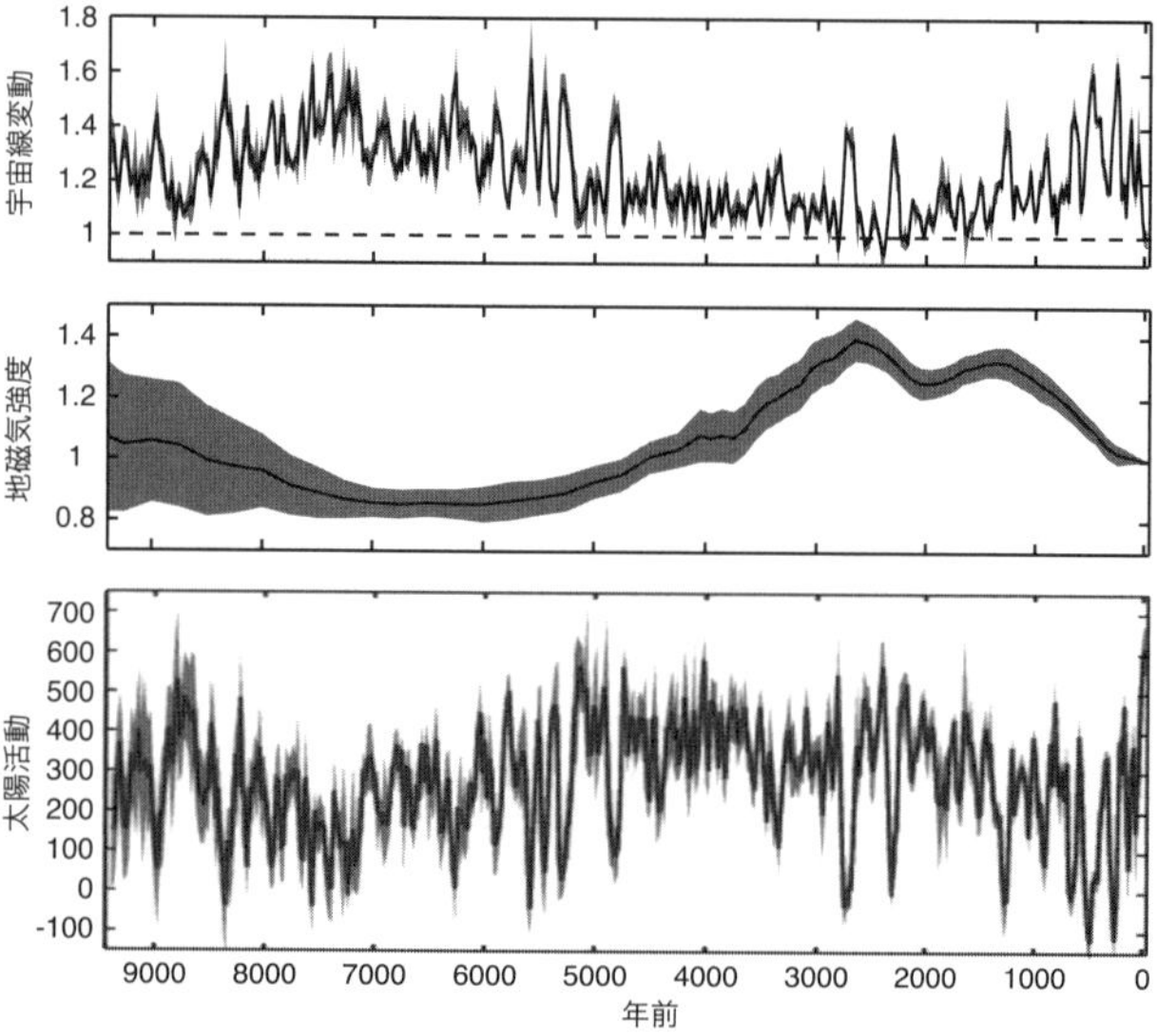

図2-23　炭素14とベリリウム10のデータをもとに復元された過去1万年間の太陽活動　上から、炭素14とベリリウム10が示す宇宙線変動、地層から復元された地磁気の強度変動、地磁気の影響を除去して得られた太陽活動変動。Steinhilber, et al, 2012より。

南極だけではなく、グリーンランドにも万年雪が氷となって堆積していて、ベリリウム10の分析に使われています。2011年の時点で存在していたすべてのベリリウム10と炭素14のデータに共通な成分だけを抜き出して、地磁気の影響を取り除き、より正確な太陽活動の変動を調べたものが図2-23です。数百年に1度の活動の低下が極小期の発生を表しています。加えて、太陽活動に１０００年周期程度の大きなアップダウンがあることも見て取れます。

四　太陽活動を駆動するのは

太陽はなぜさまざまな時間スケールで変動するのでしょうか。その物理を完全に解明して、太陽活動を正確に予測できる日はくるのでしょうか。太陽は私たちにとって一番身近な天体で、非常に豊富な観測データが得られてきているにもかかわらず、未解明の問題がたくさんあり、その中でも活動周期の起源の解明が一番の大問題として残されています。そんな中、驚くべき研究発表がなされました。それは、惑星の動きが太陽活動に影響しているという説です。

たとえば双子星とも呼ばれるふたつの恒星からなる「連星」の場合、それぞれの星は、そのふたつの星の重心を中心に回ります。互いに相手の星の重力を感じてゆさぶられながら回っていることになります。このような関係は、ふたつの星が両方とも恒星という重たい星でなくても、たとえば恒星のまわりを巨大惑星が回る場合にも、似たようなものになります。恒星と惑星が互いにゆさぶられながら重心を中心に回るのです。実は似たようなことが、太陽系でも起こっているのです。太陽系の場合は、太陽と八つの惑星が互いの重力によって束縛されています。ただし、太陽に対してほかの八つの惑星は質量がとても小さく、また距離も遠いので、重心は太陽にとても近いところにあります。それでも、とても重たい太陽が、太陽の半径を超えるくらいの距離を移動してしまうほどに、大きくゆさぶられているのです。

発表された説は、惑星が太陽をゆさぶる効果が、太陽の磁場の生成に影響しているというものです。この説は実はそれほど新しいものではなく、一部の異端な研究者が細々と研究を進めていました。太陽と惑星の位置関係は、天文暦を使うことで過去にさかのぼって正確に計算することができます。そのデータを使って、チェコの研究者などが、マウンダー極小期などの太陽活動の低下の直前に、惑星の軌道がどのようになっているかを調べていました。彼らは以前から、極小期の直前にだけ特徴的に現れる軌道のパターンに注目していました。しかし、いくら太陽系の重心に対して太陽が動いているとはいっても、太陽に潮汐のような変化を起こすには、惑星は軽すぎます。そういう理由で、この説が国際会議などで議題として真剣に取り扱われることはありませんでした。

ところが2012年、太陽活動の長期変動について研究するいわゆる主流の研究者が、この説に関して新たな論文を発表したのです。しかも、これまで潮汐だけでは影響しえないとされていた点に関して、新たな可能性をひとつの案として示しました。それは、太陽内部の層構造が完全な球形ではなく少し非対称になっているために、わずかな力が磁場の生成に影響しうるというものです。また、天文暦から想定される、太陽にかかる力の変動の周期性と、炭素14やベリリウム10によって調べられた太陽活動の変動との周期性が、いくつもの時間スケールにわたって非常によく一致しているということも示されました。たとえば、太陽活動の長期変動としては88年周期や200年周期、500年周期などがよく知られていますが、その周期性が惑星の動きによって太陽にかかる力で説明できるというのです。

古くから惑星の並びは占いに使われることが多く、たとえば穀物の収穫量を占うのに使われていたこともあります。そういった占いはもちろん、まったく科学的根拠がないといまは考えられていますが、もし惑星の動きが太陽活動に影響しているのだとすると、あながちありえない話ではなくなります。太陽活動が低下することによって気温が低下し、穀物の収穫量が減ってもおかしくはありません。惑星の配置がめぐりめぐって食料の収穫量に影響することを、古代の人々は経験的に知っていたのかもしれません。

惑星の動きが太陽活動に影響するということの説が議論のテーブルに乗ったのはごく最近のことで、まだ十分な証拠は得られていませんが、いまのところまったくもって手がかりのない長期的な太陽活動の予測に一筋の光を与えています。この説が証明されれば、10年先どころか、何十年、何百年という遠い将来の太陽活動までも予測できるようになるかもしれないのです。

第3章

太陽活動と気候変動の関係性

一　過去の気候を調べる方法

第2章で見てきたように、太陽活動は最大で数千年という長さの時間スケールで変動します。さらに宇宙で起こっている現象の影響を探ろうとする場合には、何千万年、何億年というような、非常に長い年代をカバーする気候データが必要になってきます。この節では、過去の気候変動を知る手がかりとなるデータを得るための代表的な手法について見ていきます。

年輪から探る過去の気候

過去2000年間程度の気候変動を調べる際に広く用いられている手法は、樹木の年輪幅の増減を測定するというものです。気候が変化し、木の成長速度が変わると、形成される年輪の総体積が変わりますが、それが幅の変化となって見えるのです。樹木が生育している地域の気候にもよりますが、木の成長速度が気温に大きく依存する地域では、年輪幅の増減から気温の変動を知ることができますし、成長速度が降水に大きく依存している地域では、降水量の増減を知る手がかりが得られます。一般的には気温を反映する場合が多いようですが、乾燥している地域では降水を反映することがあります。

その地域の木の成長が何にもっとも強く依存しているかは、最近の数十年間の成長速度と気象観測データとを比較して下調べする必要があります。木が若く幹が細いときは自動的に年輪幅が太めになり、歳を取って幹が太くなるほど年輪幅は細くなりますので、そのぶんは補正する必要があります。したがって、年輪幅の計測は数十年あるいは数百年程度の気候のアップダウンを見るには簡便な方法ですが、長期的な気温変化を見るにはあまり適していません。また、個々の木の成長には個性がありますので、気候条件が同じ場所でできるだけたくさんの樹木の年輪を測定し、共通な変動成分だけを抜き出すという作業が必要です。

木の年輪からはほかにも、炭素同位体や酸素同位体などの分析によって気候変動の情報を得ることができます。木の成長には、水や二酸化炭素が必要不可欠ですが、その中には炭素12や酸素16の同位体である炭素13や酸素18も含まれています。ところが、それらの同位体は炭素12や酸素16よりも重いために、移動の際、あるいは化合物が合成される際に、存在の割合が減っていきます。たとえば酸素18の場合、根から水として取り込まれ、そして水蒸気として葉の裏側にある気孔から出入りしますが、その際に移動しにくいのです。したがって、葉の中に酸素18が濃縮していくことになります。一方で、外気の水蒸気が葉の中の酸素18の濃度を希釈しています。気候が乾燥化すると、葉の裏側にある気孔が閉じますので、外気による希釈の度合いが小さくなります。ですから、年輪中の酸素18の濃度は乾燥化の指標となるのです。さらに、光合成によって糖が合成される際にも、同位体の比率が変わりますが、そのときに気温の影響を受けますので、気温の情報も年輪に反映されます。同位体の場合には、年輪幅と違って長期的な変化の傾向なども復元できるというメリットがあります。

木の分析を行う場合は、まずすべての年輪の正確な年代を決定します。最初に、一番外側の年輪の年代を確認します。伐採年がわからない場合は、炭素14の濃度を測定し、1964年の年輪に特徴的な濃度の増加を検出します。これは、1963年に施行された部分的核実験禁止条約を前に相次いで行われた大気中での核実験によって、大量の中性子が大気中に放出され、それによって大量の炭素14がつくられ、濃度が急上昇したことによるものです。条約の施行後は、地下核実験が主流になり、核実験による炭素14の生成は減少しました。この1964年のピークを検出したあとは、顕微鏡を用いて内側の年輪の層をひとつひとつ確認していきます。

年輪は、初秋には成長が遅くなり、4月頃からまた成長が速くなりますが、その後に急に寒い時期が発生したりすると一時的に成長が遅くなり、色の濃い「偽年輪」と呼ばれる層をつくることがあります。本物の年輪と見分けがつきにくいときもあり、縞の数を数えるだけでは正しい年代とずれていってしまう場合があります。その場合

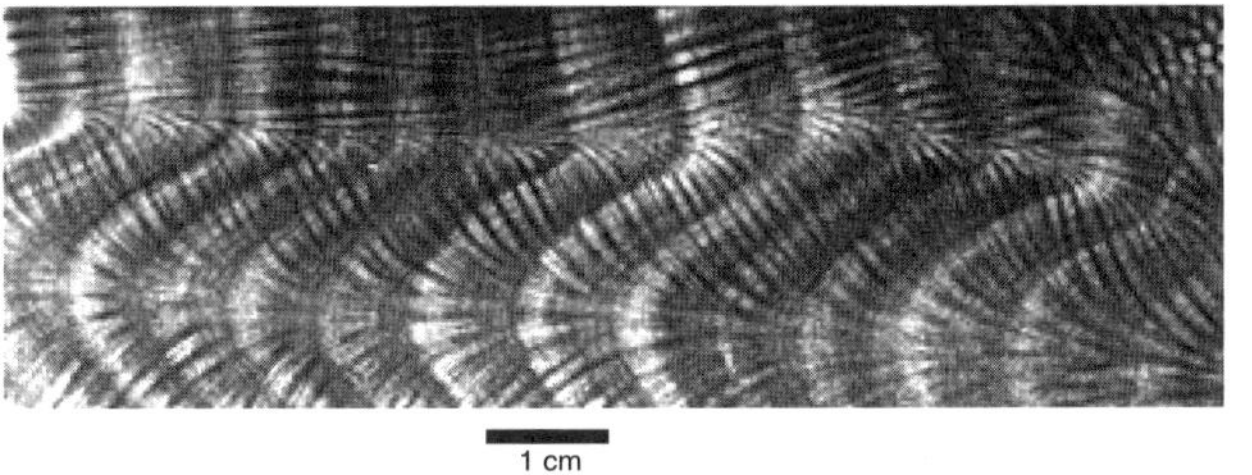

図3-1　サンゴの年輪のX線写真　1センチメートルほどの幅で、1年ごとの年輪の成長が見て取れる。提供：Thomas Felis (Research Center Ocean Margins, Bremen)

は、顕微鏡で年輪を拡大して細胞の形状を確認し、偽年輪を特定します。

年代を特定した年輪は、カッターやミクロトーム（試料を薄く切るための器具）などを使って、1枚ごとに丁寧に剥離して、α-セルロースという成分を取り出します。これは木の年輪の骨格のようなものです。油脂などの成分は、年輪間を移動してしまう場合があって、年代ごとの情報が混ざってしまっている可能性があるので、セルロース以外の成分は薬品で洗浄してすべて除去します。そして質量分析装置を使って炭素13や酸素18の濃度の分析を行います。

樹木の年輪以外を使って気候を調べる方法

サンゴの年輪も気候復元に広く用いられています。サンゴの場合も、X線写真を見ると、はっきりとした1年ごとの縞を見ることができます（図3-1）。サンゴの場合には、同位体の分析や微量金属の含有量の分析から、海水温や日照量などの情報を得ることができます。

木もサンゴの年輪も、それぞれの年輪について正確な年代がわかりますので、年々変動を正確に知りたい場合に重宝されます。一方で、数百年以上昔にさかのぼると、連続的なデータを取得するのが次第に難しくなってきます。より長い期間の連続的なデータを得たい場合には、湖などの底に堆積している地層や鍾乳洞の石筍《せきじゅん》、南極の氷などが用いられます。

湖の堆積物では、年縞《ねんこう》と呼ばれる1年ごとの縞が存在している場合があり、そのときは正確な年代でより古い時代まで気候を復元することができます。花粉の分析によって周辺の植生がわかり気候の変化を知る手がかりが得られますし、葉などの植物片のほか、有機物の含有量などから環境の変化を探ることも可能です。年単位の分析は難しくなりますが、海底の地層も使うことができます。その場合には、固い殻をつくるプランクトンなどの微生物の化石などが含まれていますので、そのプランクトンが生息していたであろう水深の温度などの情報が得られます。種類の変化、数の変化、あるいは殻の同位体比の分析から水温を復元する例もあります。海の上のほうに生息するプランクトンもいれば、底のほうに生息する種類もいるので、三次元の情報が得られます。

そのほかには、地中の温度勾配を測定して気温を復元するという方法も知られています。鉱山の跡地に残された縦穴を活用する場合もあります。気候によって地表の温度が変わりますが、その熱が徐々に地中深くに伝わっていくという性質を利用したものです。地中深くから地表までの温度の勾配が、過去から現在にかけての気温の変化を反映したものになっているのです。第1章三節で月面の掘削の話を書きましたが、原理としては同じです。月面の場合には大気がありませんので太陽光の変動が地表の温度を決定しますが、地球の場合には、気候が地表の温度を決め、そしてそれが地下に伝わっていきます。年輪幅は気候変動のごく間接的な指標ですが、地中温度は熱の情報がそのまま残されていることになりますので、絶対値を知るには非常に優れた手法です。ただし、数年単位、あるいは数十年単位という短期間のアップダウンは地中に伝わるうちに減衰してしまいますので復元することはできません。

特殊な例として、古日記などの文書の記録を用いた気候復元方法もあります。日々の気象の状態が記録されている場合もありますし、花の開花日や紅葉などの日付が残されている場合もあります（図3－2）。植物生理学に照らし合わせることによって、開花や紅葉の日付から気温などの情報を得ることができるのです。たとえば、何℃以上の気温の日が何日以上続くと開花する、というような規則性を使います。それ以外に、果実の収穫日などの記録が残されている場合などもあります。フランスのブルゴーニュ地方のワイナリーに残されたブドウの収穫日から気温の変動を復元した例もあ

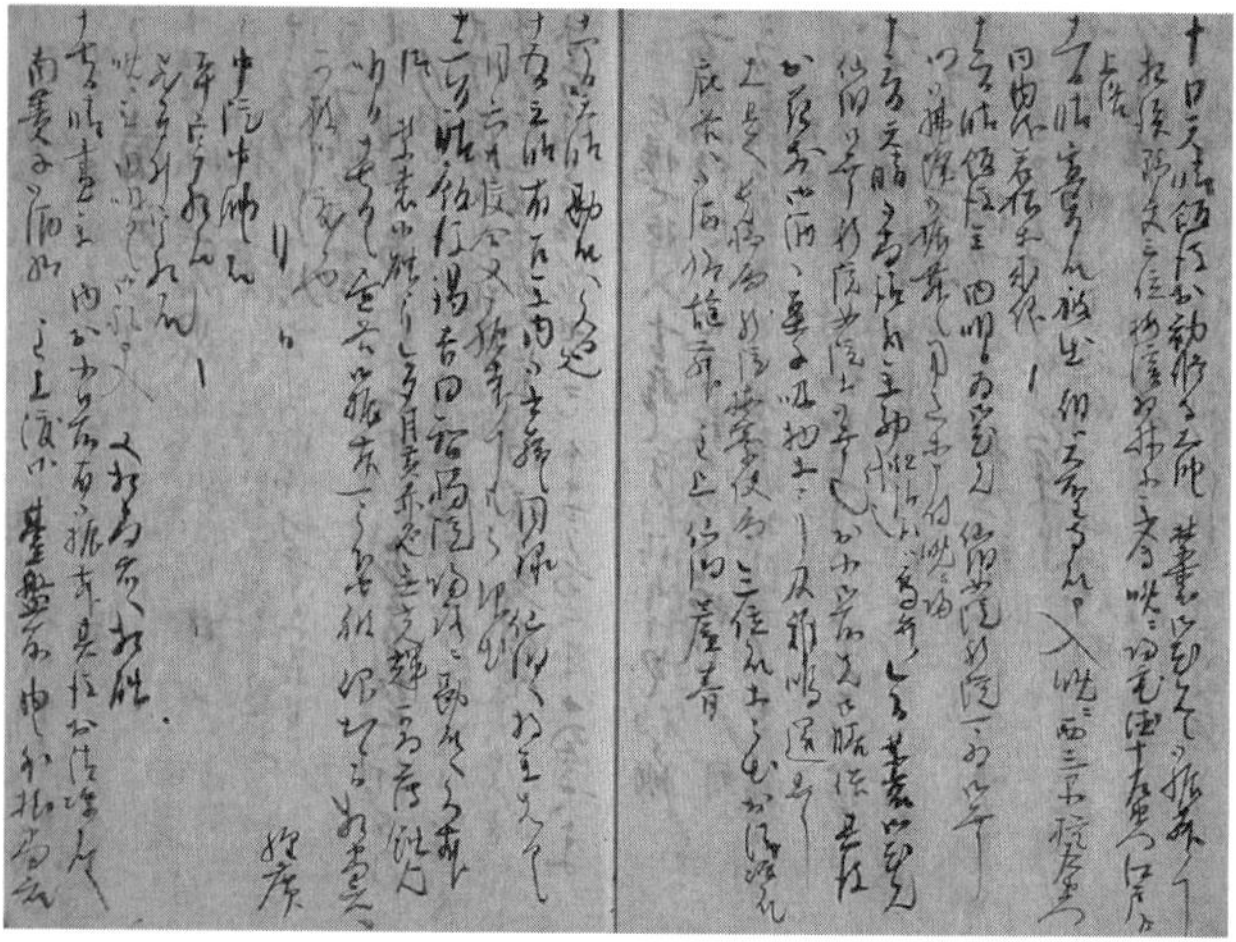

図3-2　ヤマザクラの開花日を記した平松時庸著『時庸記』 1645年4月9日のもの。このような古記録も気候の復元の貴重な材料となる。所蔵：京都大学附属図書館

ります。

より長期にわたって連続的な気候変動のデータを得る際に用いられているのが南極の氷です。第2章でも触れたように、南極に堆積した氷の層は太陽活動の復元にも使われていますが、気候の情報もさまざまなものが含まれています。氷を溶かした水を分析して酸素の同位体の濃度を測定すると気温の情報が得られますし、溶かした氷の残渣《ざんさ》の塵からは大気循環の情報が得られます。さらに、氷の中に残された気泡が、当時の大気をそのまま閉じ込めていますので、その気泡中の気体を慎重に分析す

ることで当時の大気中の二酸化炭素濃度などを測定することもできます。そのほか、火山噴火の情報も残されていますので、火山が噴火して大気中に大量のエアロゾルが巻き上げられた際に地球の環境がどのように変化したかなどの情報も得ることができます。国立極地研究所にはマイナス20℃の実験室があり、南極から運ばれてきた氷のコアが保管されています。コアから分析に使うぶんだけを短冊状に切り出す作業も、その実験室の中で行います（図2－5参照）。実験室には南極越冬隊員が着る分厚いジャケットとズボン、靴が置かれていて、それを着て作業をします。

樹木やサンゴの年輪と違って、氷には明確な1年単位の縞がありませんので、層ごとの年代を決めるには少し工夫が必要です。表層に近い過去2000年分は、年代が知られている火山噴火や宇宙線の増加イベントを基準にして決めます。古い時代については、比較的正確に年代を調べやすい湖や海洋の地層から得られたデータと対比して決めたり、次節でくわしく書きますが「ミランコビッチ・サイクル」などの天文学的なシグナルの検出などから年代を推定することが可能です。

試料の年代決定

地層の年代を決める方法でよく用いられるのは、「放射性炭素年代測定法」です。埋没木の年輪やサンゴ化石の年代を知りたい場合のほか、湖や海底の堆積物の地層ごとの年代を知りたい場合に使われます。湖の地層の場合は、もし葉や枝などの植物片が含まれていれば、放射性炭素年代測定法によってその層が何年前に堆積したものであるかを調べることができます。放射性炭素年代測定法では、炭素14の濃度を測定することによって年代を調べます。第2章一節で紹介したように、炭素14は宇宙線によってつくられますので、年輪にどれくらい含まれているかというのは、地球に降り注いだ宇宙線の量によって決まっています。しかし、年輪に取り込まれたあとは、半減期5730年ごとに半分ずつに減っていきます。時間が経てば経つほど濃度が下がっていくために、〝ストップウォッチ〟として使うことができるのです。現在の大気中の濃度に比べて半分程度の濃度しかなかった場合には、木片が5730年前のものであることがわかります。

ややこしいのは、炭素14がいつも同じだけ生成されているわけではないという点です。たとえば、太陽活動が低下していて宇宙線がたくさん地球に降り注ぎ炭素14が大量につくられていた場合には、5730年前の木であったとしても、見かけ上濃度が少し高くなり、時間があまり経過していないように見えてしまいます。そうすると、5730年前よりも何十年か最近の木であるかのように見えてしまうのです。

ですから、正確な年代を決めたい場合には、単純に炭素14の濃度を測定するだけではなく、すでに年代がわかっている木を使って炭素14の濃度をできるだけ古い時代まで連続的に調べておいて、そのデータとの比較によって年代を決めていく必要があります。炭素14濃度の見本となるデータを作成する際には、いくつもの木のデータを年代ごとにつなげていきます。木の年代は、地域ごとに年輪幅が同じような増減パターンを示すことを使った「年輪年代法」という手法で決めておきます。

炭素14年代測定法が使えるのはおよそ5万年ほど前までです。それよりも古い年代の試料については別の方法を使わなければなりません。炭素14のように時間とともに含有量が減っていく別の放射性元素を使う場合もありますし、そのほかに、放射線によって鉱物の結晶構造に傷がつく性質を利用して、傷の多さによってどれくらい時間が経過したかというところから年代を決定するような手法もあります。

二　ミランコビッチ・サイクル

天文学的な要素による太陽の地球への影響

さまざまな要因によって生じる気候変動のうち、太陽の影響としてすでに一般的に受け入れられている説がひとつだけあります。それは「ミランコビッチ・サイクル」と呼ばれるものです。地球の平均的な気候は、太陽から届くエネルギーの量で決まっています。光という形で太陽から地球に届いたエネルギーが地表を温め、そしてその熱が大気を温めます。太陽から出る光の量が変化すれば地球に届くエネルギーの量も変わります。逆に、太陽から出る光の量が一定だったとしても、太陽と地球の〝距離〟が変わってしまえば、地球に届くエネルギーの量は変わり気候が変わります。太陽系の惑星は、太陽やそのほかの惑星の重力的な作用によってゆさぶられていますので、公転の軌道が周期的に変化しています。つまり、太陽と地球との距離は周期的に変化しているのです。さらに、自転軸にも変化が生じています。北アメリカ大陸北部をおおう氷が、この公転軌道の変化に応じて大きく変化することが知られています。ミランコビッチ・サイクルは、そういった天文学的な要因によって生じる気候の周期的変動を指しているのです。

太陽と地球のあいだの距離を決めるひとつめの大事な要素は、地球が太陽のまわりを回る公転の軌道です。公転軌道は一定ではなく、約10万年周期や40万年周期といったリズムでゆっくりと変化しています（図3－3a）。地球の軌道はおおむねまるい軌道を描いていますが、完全な円ではなく、少し楕円になっています。そして、その楕円の扁平の度合い（「離心率」と呼びます）が周期的に変化していて、扁平になったり真円に近い状態になったりを繰り返しています。軌道が小さくなり地球が太陽側に近寄ると、地球は太陽からより多くのエネルギーを受け取ることができます。逆に、地球が太陽から少し離れた軌道を通るときには、受け取ることのできるエネルギーが

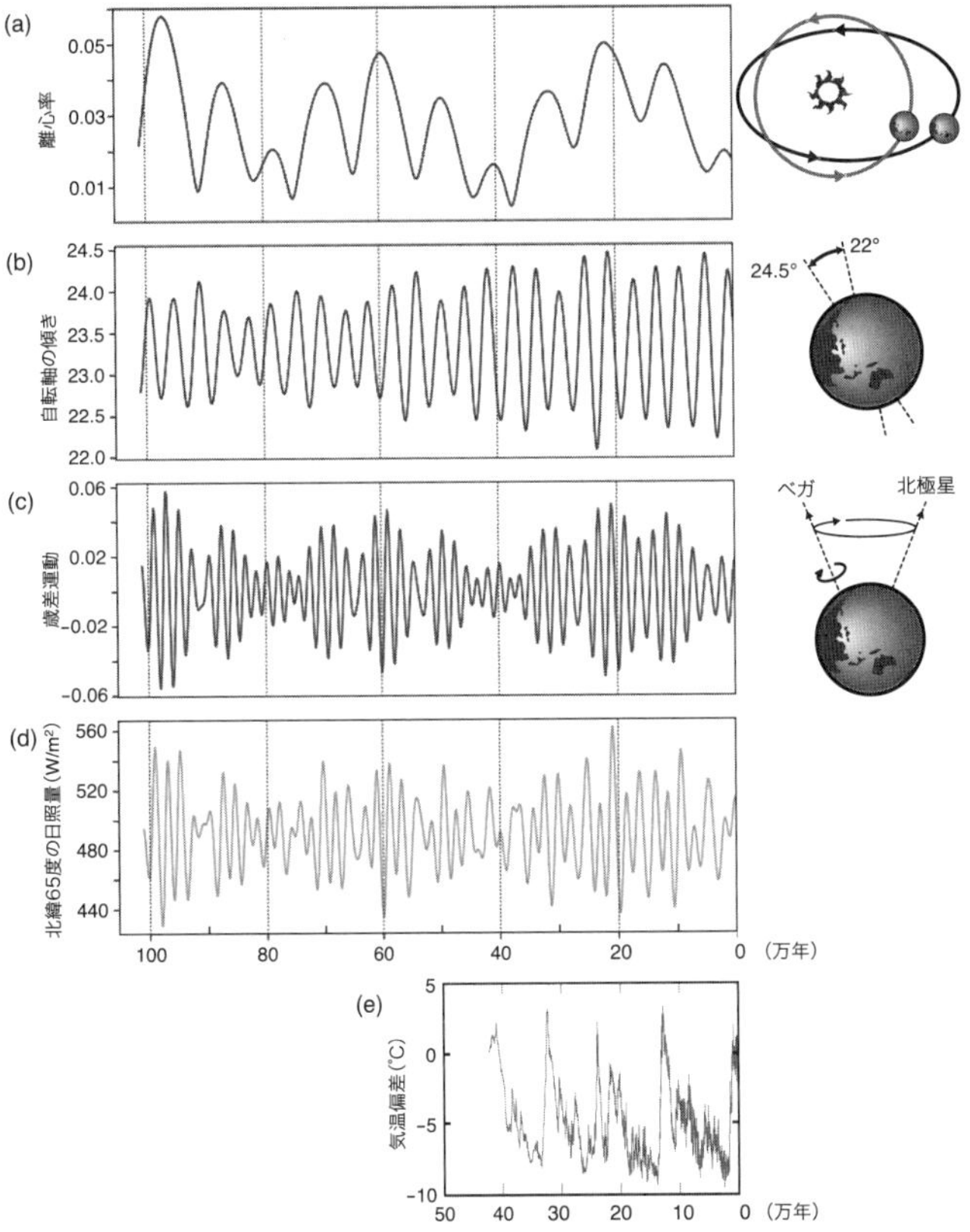

図 3 - 3　地球の公転軌道と自転軸の傾きの変動　これらの変動にともなって地球が太陽から受け取る光量や分布が変わるため気候にも影響が出る。(a) 公転軌道の離心率の 10 万年と 40 万年周期、(b) 自転軸の傾きの 4 万年周期、(c) 自転軸の歳差運動の 2 万年周期、(d) それらの変動にともなって生じる北緯 65 度の夏の日照量の変化、(e) 気候変動の氷期—間氷期サイクル。(a) ～ (d) Laskar, et al., *A & A*, **428**, 261, 2004, reproduced with permission ©ESO、(e) Petit, et al., 1999 を参考に作成。

減って、地球は寒冷化します。

公転軌道の次に重要なのが、地球の自転軸の傾きの変化です。地球は、地球が太陽を公転する面に対しておおむね垂直な方向を軸にして自転していますが、完全に垂直な方向に対して少し角度を持っています。角度を持っていることで、公転軌道を1周するあいだに、太陽からのエネルギーをどの緯度でどれくらい受け取るかという分布が、大きく変わってきます。これが気候の季節変化の原因となっています。自転軸の北側が太陽側に傾いているときは、北半球により多くの太陽光が届くので、北半球が夏になります。逆に、自転軸の南側が太陽側へ傾いているときは、南半球により多くの光が届くので、南半球が夏になり、北半球は冬になります。ところが自転軸の傾きにも周期的な変化があって、約4万年の周期で傾きが大きくなったり小さくなったりを繰り返していることが知られています。現在は約23・4度傾いていますが、約22～24・5度のあいだで変化しています（図3－3b）。自転軸の傾きが大きくなると、より高緯度で太陽光を多く受け取ることになります。逆に自転軸の傾きが小さくなると、季節変化は小さくなります。

さらにもうひとつ複雑な影響を及ぼしているのが、自転軸の向きの変化です（図3－3c）。これは「歳差運動」と呼ばれています。自転軸は現在、こぐま座α星のポラリスの方向を指しています。この星が現在の北極星です。ところが、時間とともに、自転軸が指す方向が変わるのです。自転軸が指す方向が、たとえば180度変わってしまったとしても、北半球が太陽の方向を向く時期が半年ずれるだけのように聞こえますが、実は、ひとつめの項目として書いた公転軌道の変化と組み合わせると、気候に大きな影響が生じてきます。公転軌道上で太陽にもっとも近いときに北半球が夏なのか冬なのか、という話になってくるためです。

太陽から離れているときに夏になり、太陽に近づいているときに冬になれば、季節変化はおだやかなものになります。しかし逆に、太陽から離れているときに冬になり、太陽に近づいているときに夏になれば、季節変化はより大きくなります。熱しにくく冷えにくい海洋が広がっている南半球では、季節変化の影響は少し緩和される傾向にあります。南半球と北半球では、大陸と海洋の配置が違うだけではなく、日光を強く反射する氷床の広がり方にも大きな違いが見られるため、どちらの半球により多くの太陽光が当たるかということが、長期的な地球の気候にも影響するのです。

氷期と間氷期の10万年周期

太陽と地球の距離が10万年周期でゆるやかに変わることによってもたらされているのが、氷期と間氷期のリズムです（図3－3e）。「氷期－間氷期サイクル」と呼ばれるこのリズムは、9万年ほど氷期が続くと、1万年ほど間氷期が訪れるというものです。氷期になると、極域の氷床が拡大し、北アメリカ大陸北部などの広い範囲が氷におおわれます。間氷期にはそれが縮小し、北極海周辺にまで縮小します。図3-3dのように、軌道変化による日照量の変化が比較的ゆるやかなアップダウンを繰り返しているのに対して、気候の変動パターンが必ずしも一致せず急激な温暖化とゆるやかな寒冷化を繰り返しているのは、いくつもの要素が絡み合っている地球で複雑なフィードバック作用が起こっているためと考えられます。

たとえば、いったん寒冷化が始まり氷床が拡大し始めると、白い氷によって日射が跳ね返されやすくなって、より寒冷化が進みやすくなるというようなことが起こります。さらに、氷床の拡大・縮小にともなって、やわらかい地殻が歪みますので、その影響も加わります。大量の氷が大陸に乗っかると、その重みで地殻が大きく沈みます。逆に氷が融けてくると、地殻はゆっくりともとに戻ろうとします。それによって氷の標高が変わり、氷の融けやすさが変わるという効果が加わります。氷の変化に対して地殻がゆっくりとしか応答できないことが、気候の複雑な変動の原因にもなります。

極域の陸域をおおう氷の量の変化にともなって、海水準も大きく変化します。地殻が歪む影響も加わりますが、海水準の変化は100メートルを超えます。たとえば現在では小さな島が散在する地形になってしまっているパラオ諸島は、最後に氷期が訪れていた約2万4000年前には陸続きの大きな島になっていて、標高がいまより1

00メートル以上高かったことがわかってきています。過去の海水準の情報は、海底に沈んだサンゴ礁の化石や、あるいは海面の上に出てしまった石灰岩の地層などから知ることができます。サンゴは褐虫藻と呼ばれる光合成をする生物と共生しており、日の当たる海水面近くでしか生息できません。つまり、サンゴの化石は、海水面がどのあたりにあったかということを示す貴重な目印になるのです。

「最終氷期」と呼ばれる最後の氷期が終わったあと、気候は次第に温暖化し、約6000年前に気温のピークを迎えました。このときは、極域の氷が大量に融けて海水準が上昇し、海岸線が内陸に大きく移動しました。この出来事は「縄文海進」と呼ばれています。その名残が残されているのが縄文時代の貝塚です。貝塚は、現在の海岸線から考えるとかなり内陸に位置していますが、当時の海岸線と重ねてみるとぴったりと一致することが知られています。その後は少しずつ太陽との距離が遠くなり、気温は若干低くなり、また海水準も低くなっています。

いつ現在の間氷期が終わって次の氷期が始まるのかはまだよくわかっていません。太陽のまわりを回る地球の軌道に関するいくつかの要素の組み合わせに加えて、現在の大陸配置や氷床の状態、そして人間活動によって増加したメタンや二酸化炭素などの温室効果ガスの影響などが複雑に絡み合っているために、予測が難しいのです。

三　ボンド・イベント

1000年スケールの気候変動と太陽活動

太陽と地球のあいだの距離が変わると、地球が受け取る太陽光は1平方メートルあたり数十ワットも変動しますので、気候には間違いなく影響します。一方で、第1章三節にもあるように、太陽自身が放出する光量の変化はかなり小さなものとなります。1970年代の終わり頃から始められた人工衛星による太陽放射量の観測によれば、太陽活動が11年周期で変動するあいだに変化する光量は、1平方メートルあたり1ワット程度で、変化率にしておよそ0・1%です。これは地球の気温の変化に換算すると0・05℃程度にしかなりません。

そのこともあって、太陽活動が地球に影響するという考えは、長らく重要視されることはありませんでした。しかし、2001年、太陽活動が気候の長期的な変動に重大な影響を及ぼしているということを示す決定的なデータが、コロンビア大学のジェラルド・ボンドらによって科学雑誌『サイエンス』に発表され、状況は一変しました。北大西洋の海底から採取された地層のコアに残された氷河性砕屑《さいせつ》物の量が、太陽活動の1000年スケールの変動と非常によく一致していることがわかったのです（図3

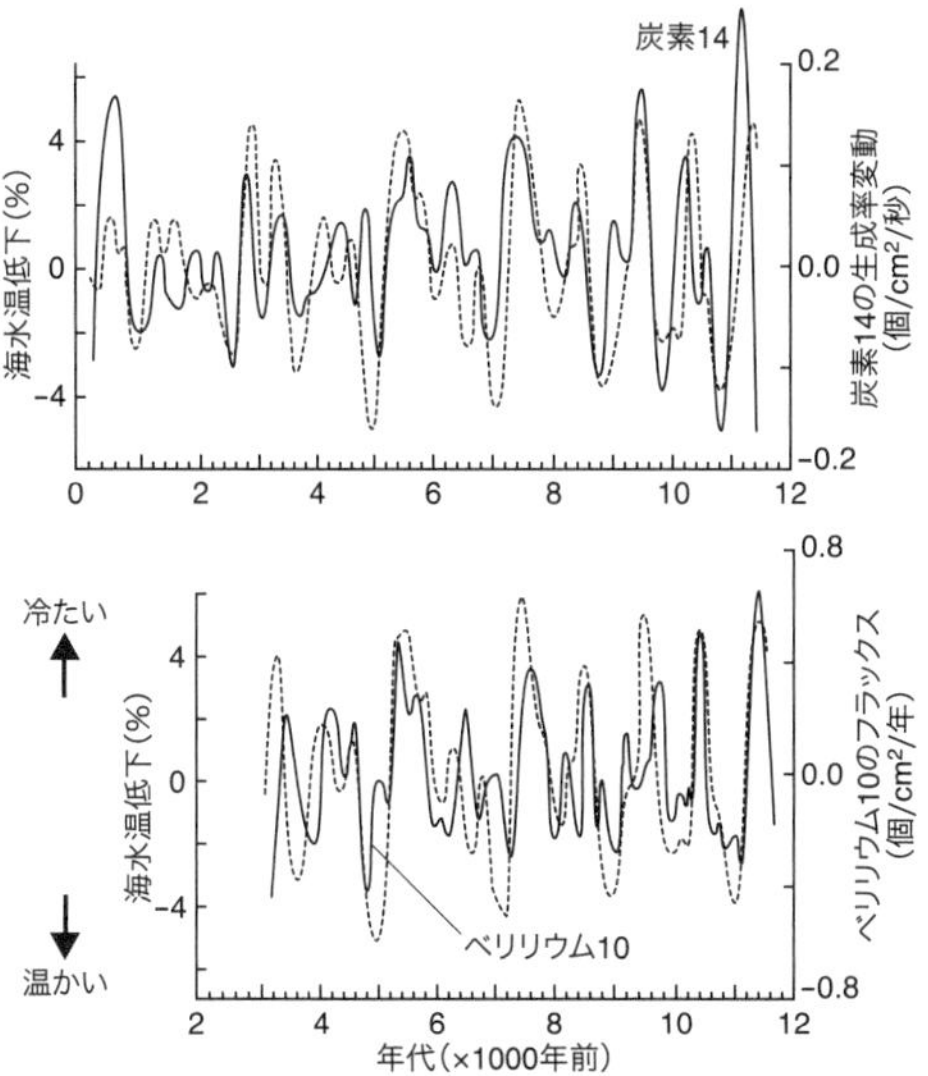

図3-4　太陽活動と気候変動の相関関係が過去1万年間継続していたことを示したグラフ　樹木年輪に含まれる炭素14と氷床に含まれるベリリウム10の増加は太陽活動の低下を示す。氷山流出のデータ（破線）は、北太平洋の海底の地層に含まれる氷河性砕屑物から得られたもの。Bond, et al., *Science,* **294**, 2130 (2001). Reprinted with permission from AAAS.

－4）。

年輪や氷床コアに含まれる炭素14やベリリウム10などの同位体のデータは、太陽活動に11年周期や200年周期だけでなく、1000年や2000年といった長い周期があることを示しています。マウンダー極小期のような黒点のない時期が立て続けに起こったり、あるいは起こらなかったりというリズムが、1000

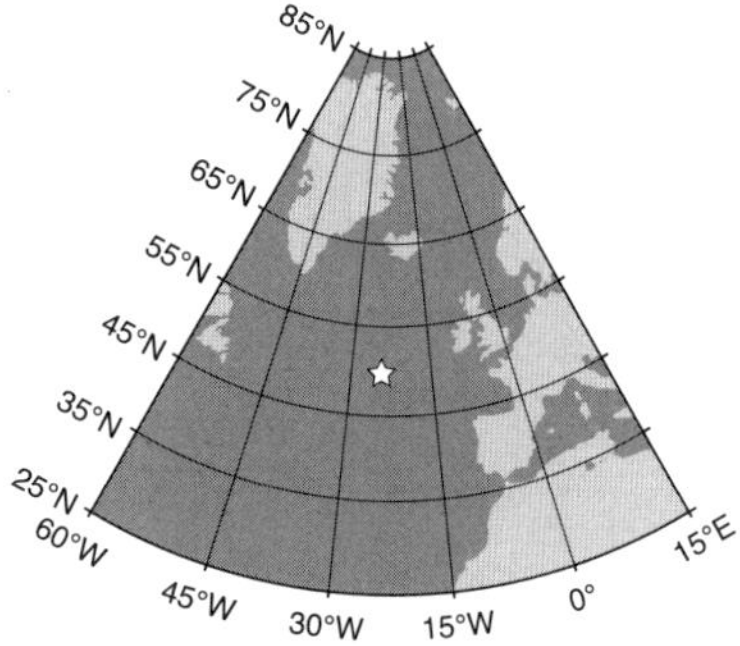

図３－５　図３－４の氷河性砕屑物が採取された地点　Obrochta, et al., 2012 をもとに作成。

年スケールで発生しているという見方もできます。北大西洋の海底（図３－５）から掘削された地層の分析からわかってきたことは、北極海近くにあるグリーンランドやスバールバル諸島などから１０００年ごとに大量の氷山が流れ出し、それが大西洋を南下していたというものです。

氷床は万年雪が積み重なったもので、その重みによってゆっくり前進し、いずれ氷山となって海に流れ出します。陸域を移動するあいだに大地を削り、その破片を抱えたまま流れていきます。海に流れ出してある程度南下すると、海水温が比較的高く氷が融ける領域に到達します。そこで、氷山が融け、それまで抱えていた石を海底に落とすのです。海底には砂塵やプランクトンなどの生物の死骸などが堆積して地層が形成されていますが、氷山が融けて落とした石もその地層に取り込まれることになります。このようにして、氷が流れ着いてそこで融けたという証拠が残されるのです。北大西洋の海底の地層には、そうして陸域から運ばれた石がいくつも含まれていて、「氷河性砕屑物」あるい

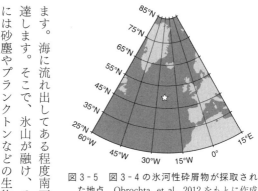

は「ＩＲＤ（ice-rafted debris）」と呼ばれています。

論文によって示されたのは、氷河性砕屑物が大量に含まれている年代と、太陽活動が低下していた年代が、過去1万年間にわたって見事に一致するというものです。過去1万年間というのは、おおよそ最後の氷期が終わってから現在までのあいだの「完新世（Holocene）」と呼ばれている比較的暖かい状態が続いた時代です。太陽活動が周期的に低下し、海水温が下がり、氷山が大西洋のより南のほうまで流れ出やすくなった可能性と、寒冷化によって氷河が大きく前進して氷山が大量に流れ出した可能性のふたつが考えられます。いずれにしても、太陽活動の変化が、気候の大きな変化を生み出していることを意味しています。

氷期における太陽活動と気候変動

実は、間氷期だけではなく、氷期でも太陽の活動がダイナミックな気候のアップダウンをもたらす、ということが最近の研究でわかってきました。氷期においては、グリーンランドやスバールバル諸島だけではなくカナダや北アメリカ一帯を氷河がおおいます。これは「ローレンタイド氷床」と呼ばれています。氷河の先端が大きく南下していた証拠として、たとえばニューヨークのセントラルパークにも氷河の前進によって運ばれた巨大な岩石「迷子石」が残されています。

氷期に関しても、間氷期と同じように気候にかなり大きなアップダウンがあることが知られていましたが、何がその原因となっているのかは謎のままでした。というのも、太陽活動には1000年周期あるいは2000年周期しかありませんが、気候データのアップダウンは1500年周期という変な周期を示していたのです。この周期については、気候システムの中で大気や海洋や氷床などが複雑に相互作用しあうことによって、太陽活動は1000年や2000年周期だけれども、地球上で1500年周期が生み出されているという説や、太陽活動の200年周期などのもっと短い周期が気候システムに影響して1500年周期を生み出しているという説などがありました。あるいは、太陽活動とは関係ない、まったく別の原因によって生じたと考えることもできます。

地層から取り出した気候データを扱う際にやっかいなのは、地層ごとの年代を必ずしも十分に調べることができないという点です。さらには、年代を測定したとしても、必ず誤差がつきまといます。変動の周期性を調べるうえで、この年代の誤差はとくにやっかいです。誤差が大きければ大きいほど、正確な周期性とはほど遠い値が出てきてしまうためです。事実、私が秋田大学のスティーブン・オブラクタ教授と協力してこの問題の再検証に取り組んだところ、年代誤差の大きさを考慮してデータの周期性を調べると、原因不明とされていた1500年周期が、実際には1000年周期と2

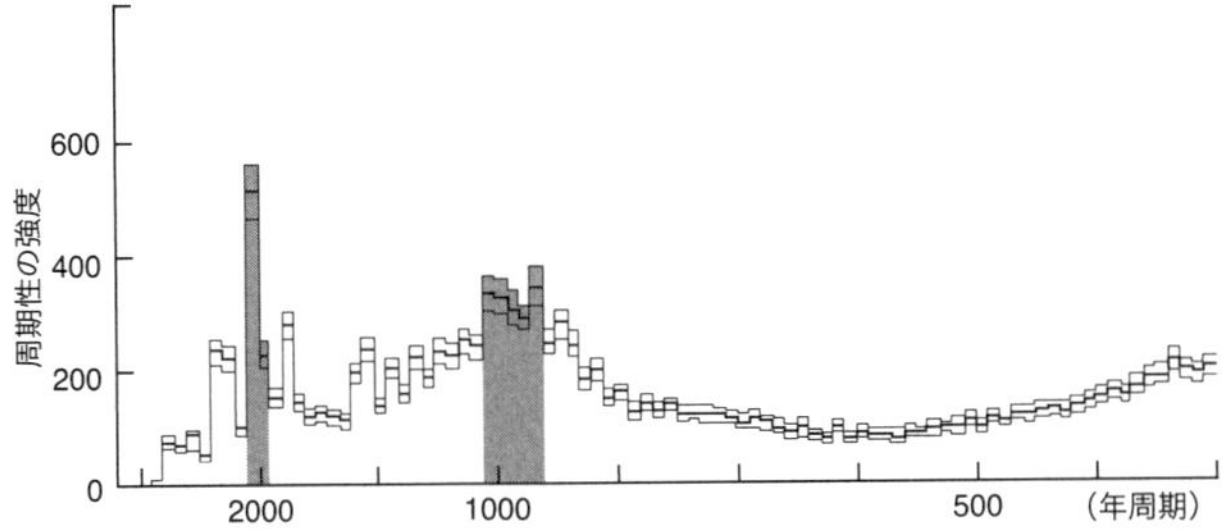

図3-6　氷期における気候変動の周期性　1000年周期と2000年周期のふたつの成分からなることが示されている。Obrochta, et al., 2012より。

000年周期というふたつの周期からなるということがわかったのです（図3-6）。つまり、単純に、太陽活動の1000年周期と2000年周期がそのまま氷期の気候変動を駆動していた、ということになります。

興味深いことに、間氷期に比べて氷期のほうが太陽活動の影響が気候変動によりはっきりと表れています。このことは、太陽活動と気候変動との関係性について何らかの重要な示唆を与えている可能性があります。地球上をおおう氷の量が違ったり、あるいは大気中の水蒸気や氷の粒の量などが異なることによって、太陽活動に地球がどれくらい敏感に応答するかが変わってくるのかもしれません。太陽活動が気候に影響しやすいコンディション、あるいは太陽活動の影響が伝わっていくうちに増幅されやすいコンディションというようなものがあるのかもしれません。第4章で荷電粒子の大気への作用などを見ていきますが、実はこの氷期と間氷期の気候変動の違いがとても興味深い問題となってきます。

四　小氷期が社会に与えるインパクト

小氷期の発生と太陽活動

炭素14やベリリウム10などのデータによって発見された太陽活動の1000年周期こそが、ここ最近の1000年間における気候の特徴的な変動パターンを生み出したおもな原因です。最近の約1000年間を振り返ってみると、9世紀頃から13世紀中頃にかけて、中世の太陽活動活発期と呼ばれる時期、そしてその後、オールト極小期、ウォルフ極小期、シュペーラー極小期、マウンダー極小期、ダルトン極小期と呼ばれる活動の低下が断続的に発生しています。19世紀初頭のダルトン極小期後は、太陽活動はふたたび活発化しました。それらの変動に対応する形で、地球では、中世の温暖期と呼ばれる時期、そしてそれ以降19世紀初頭にかけて小氷期と呼ばれる寒冷化、その後に小氷期からの回復を経験しています。

1000年周期の極小ともいえる小氷期に気温がどの程度低下したかについては、年輪幅の推移などから研究が進められています。1970年頃を基準に比較してみると、小氷期における気温の低下は北半球で最大でも0・7℃程度だったとされています。一方で、小氷期においては、0・7℃という数値からは想像できないような現象が多数報告されています。小氷期の名前の由来ともなっているように、北ヨーロッパを中心に、氷河が拡大しました。氷河は山頂で降った雪の重みで前進し、麓で融けるわけですが、麓の気温変化によって、氷河がどこまで前進するかが決まってきます。氷河が拡大した痕跡は、「モレーン」という地形として残されます。これは、氷河が山肌を削りながら前進し、土砂を下流に運ぶことによって形成される地形です。氷河の両脇や先端に土手のように土砂が残されるため、氷河が最大どこまで拡大していたかを知ることのできる目印となるのです。小氷期には氷河の先端が高度にして数百メートルの単位で前進しました。

社会に与えた影響

小氷期のような気候変化が社会に与える影響は多岐にわたります。氷河が前進した結果、小氷期では耕作地の減少、居住地の減少が発生しました。また、耕作地の減少に寒冷化が追い打ちをかけ穀物収穫量が大幅に減少しました。栄養失調による感染症の増加なども深刻で、たとえばフランス、ドイツ、フィンランドなどで数十万〜数百万単位での死者が報告されています。

文化にも影響を与えました。小氷期の絵画からは、当時の人々の生活の様子、街の様子などを垣間見ることができます。凍結したロンドンのテムズ川の上で人々がスケートやお祭りを楽しむ様子や、当時の曇りがちな空を描いた絵画が多数残されています。そのほか、数億円もの値段が付くバイオリンの名器・ストラディバリウスの音色がよいのは、小氷期に育った年輪が細くて密な樹木を使っているからだという説もあったりします。

そのほか、寒冷化によって採れる作物の質や種類が変わったことによる食文化への影響もあります。小氷期や中世温暖期が食文化を含め社会に与えた影響については、富山大学の田上善夫名誉教授の研究でくわしく調べられています。たとえば、ワイン醸造が盛んなヨーロッパにおいて、寒冷化によって質のよいぶどうが採れなくなったことで、品質は低いけれども寒さに強い品種のぶどうの生産が中心になっていったり、あるいはワインの代替品として、色の悪いぶどうでも作ることのできるブランデーやシャンパンの生産量が急増したりといったようなことが起こりました。

これほどまでに0・7℃という数値と現象に大きな乖離《かいり》が見られる理由のひとつに、小氷期における気候の地域差があります。北半球全域を平均すると0・7℃の気温の低下だったとされていますが、実際は場所によって大きく異なっており、たとえば0・2℃程度の気温低下しか見られなかった地域から2・5℃も気温が低下した地域まで存在しています。

実は、日本も小氷期の気温低下の影響が強く見られた地域であることがわかってきています。大阪公立大学の青野靖之准教授らは、京都に残された図３－２のような古日記からサクラの開花日の推移をたどり、中世から現代にかけての毎年の気温を復元していますが、小氷期で京都の冬気温が２・５℃程度低下していたことが示されています。

平均気温が１℃下がることの重大さは、岡山大学の永田諒一名誉教授の研究でくわしく調べられていますが、たとえば西ヨーロッパでは、植物の生育可能期間が３～４週間短くなる換算になります。さらに、小氷期では降水パターンも変わっていたということがわかってきていますので、気温の低下に加えて降水量の変化が追い打ちをかけます。

このように、小氷期の発生によってまず最初に直接的な影響を受けるのが、作物の収穫量です。これがきっかけとなって、さまざまな影響が社会に及んでいきます。農業を基盤としていた時代の中国王朝の盛衰が、気候の変動と密接にリンクしていたという興味深い研究結果も報告されています。これも食料難や、あるいは牧草の収穫難にともなう家畜の飼育への影響が、北方に住む遊牧民族の移動を引き起こしたことと関係していると考えられています。

気候変動と紛争については、最近さらに研究が進み、南米やアフリカ、東南アジアなど、エルニーニョの影響を強く受けやすい地域で、気候の変化にともなって内乱が2倍に増加するという統計も報告されました。気温だけでなく、降水量の変化などが経済に与える影響が原因として考えられます。もちろん、社会情勢の悪化は、気候変動だけでは説明できないということはいうまでもありませんが、状況が悪化してきた際に〝最後の一押し〟をすることは多々あるようです。

第4章

宇宙はどのようにして地球に影響するのか

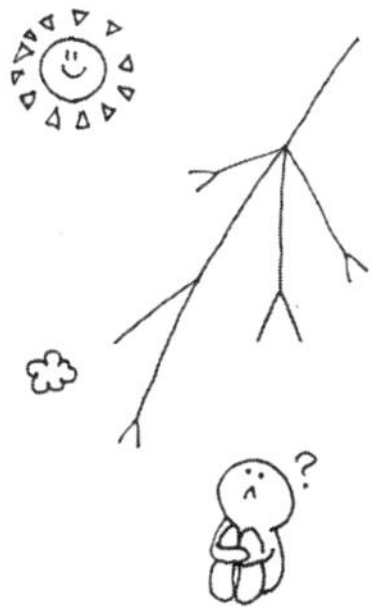

一　宇宙線の影響を見分けるには

太陽活動が気候に影響するいくつかの経路

太陽の活動が低下すると、氷河が拡大し、海洋には大量の氷山が流れ出します。それほどまでにダイナミックな影響は、どのようにしてもたらされるのでしょうか。黒点数がほぼゼロに近い状態が70年間にわたって続いたマウンダー極小期の太陽は、おそらくは現在の11年周期の極小に近い状態がずっと続いていたようなものであったと考えられます。とすると、日射量に関しても低い状態が70年間続いたことになりますが、それでも第1章三節で見たように、その減少量は氷河の拡大を説明するにはとうてい足りません。何が気候の変化をもたらしたのか、別のルートを探る必要があります。

太陽の活動にともなって変動するもののうち、気候に影響しうるものがいくつかあります（図4－1）。日射量の変動以外に、紫外線量の変動、太陽フレアにともなって放出される荷電粒子（太陽宇宙線）、そして遠方の超新星爆発から飛んでくる銀河宇宙線量の変動です。

紫外線は、大気中の成分に作用して化学反応を促進したり加熱したりすることがで

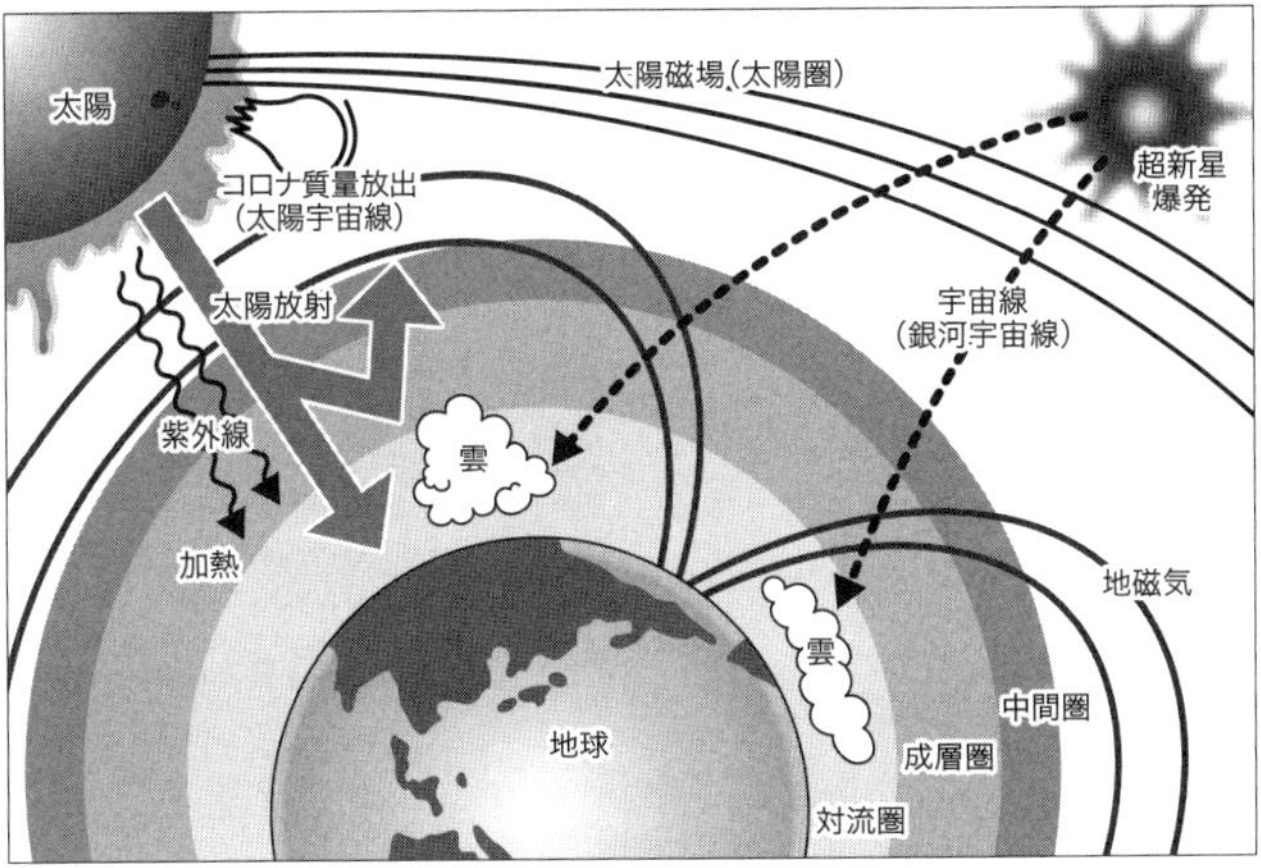

図4－1　太陽活動が気候変動に影響する経路

きます。とくに、「成層圏」（図4－2）のオゾン層を温めるのに重要な役割を果たしています。人工衛星などによる成層圏の観測や気候モデルを使った再現実験によれば、緯度や高度にもよりますが、太陽活動が11年周期で変動すると最大で1℃程度の温度変化が見られます。それによって、隣り合う対流圏の大気循環などに影響すると考えられています。ただし、北半球平均で0・7℃という温度変化を説明するにはやはり少し足りません。

次に太陽宇宙線ですが、非常に強い太陽フレアが起こって粒子が地球大気の上層に侵入してきた際に、やはり大気中の成分に作用します。その場合は、窒素酸化物などを生成することによって、一時的な寒冷化を引き起こします。ただし影

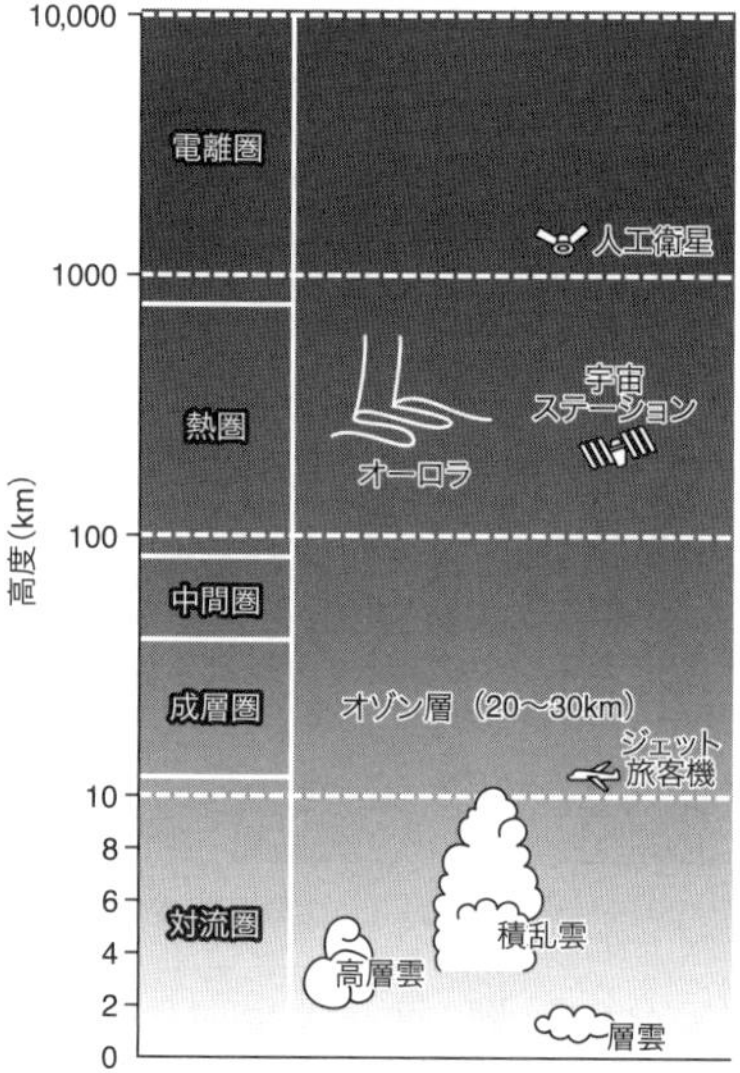

図4－2　大気の成層構造

響は、おもに「中間圏」（図4－2）にとどまります。中間圏では5℃程度の気温低下が発生することもありますが、その影響による成層圏の気温低下は1℃程度にとどまります。また影響は数日程度ですから、対流圏に長期的な気温変化をもたらすにはやはり不足しています。太陽宇宙線の電気的な作用が効いている可能性も少なくありませんが、現時点では研究途上です。

太陽活動が気候に影響する経路の中で私たちがとくに注目しているのは、太陽の磁場が変動することによって地球に届く銀河宇宙線の量が変動することによる影響です。第2章二節に書いたように、地球は太陽圏の磁場の乱れの中にいますので、銀河宇宙線がどれくらい地球に届くかは、太陽活動の変動によって変わってきます。太陽活動が11年周期で変動するのにともなう銀河宇宙線量の変動は、20～30％にもなります。

本書の冒頭でも触れたように、１９９７年にデンマークのフリス・クリステンセンとヘンリク・スベンスマルクは、銀河宇宙線の変動と地球をおおう雲の量がよく一致しているという驚くべき論文を発表しました。太陽の日射も、紫外線も、太陽宇宙線も、銀河宇宙線も、いずれも太陽活動にともなってほぼ同じように変動します（図４－３）。ただし銀河宇宙線だけは、太陽の磁場が太陽圏に広がって宇宙線に影響が出るまでに多少時間がかかるために、数カ月～1年ほど11年周期の変動が遅れます。スベンスマルクらの発表は、日射よりも銀河宇宙線の変動に雲の変動が同期しているというものでした。

とはいえ、その後も継続的に観測が行われている人工衛星の雲データをつないでみると、最近はそれほど宇宙線との相関がよくないという報告も出ており、宇宙線と雲量の関係性はまだ不確かなものです。人工衛星の寿命は数年と短く、観測し続けるにつれてデータが劣化してくる可能性があることや、いくつもの人工衛星の観測データを継ぎはぎするので、長期的な変動に関しては議論が難しくなることなど、人工衛星のデータを使った研究に難しい点がいくつかあることは前述のとおりです。また、人工衛星から下向きに地球を観測していますから、上空に雲が出ているときには下層の雲が観測しづらいなどの問題も出てきます。

一方で、年輪や氷のコアなどを使って、より長期的に宇宙線と気候変動の関係性が

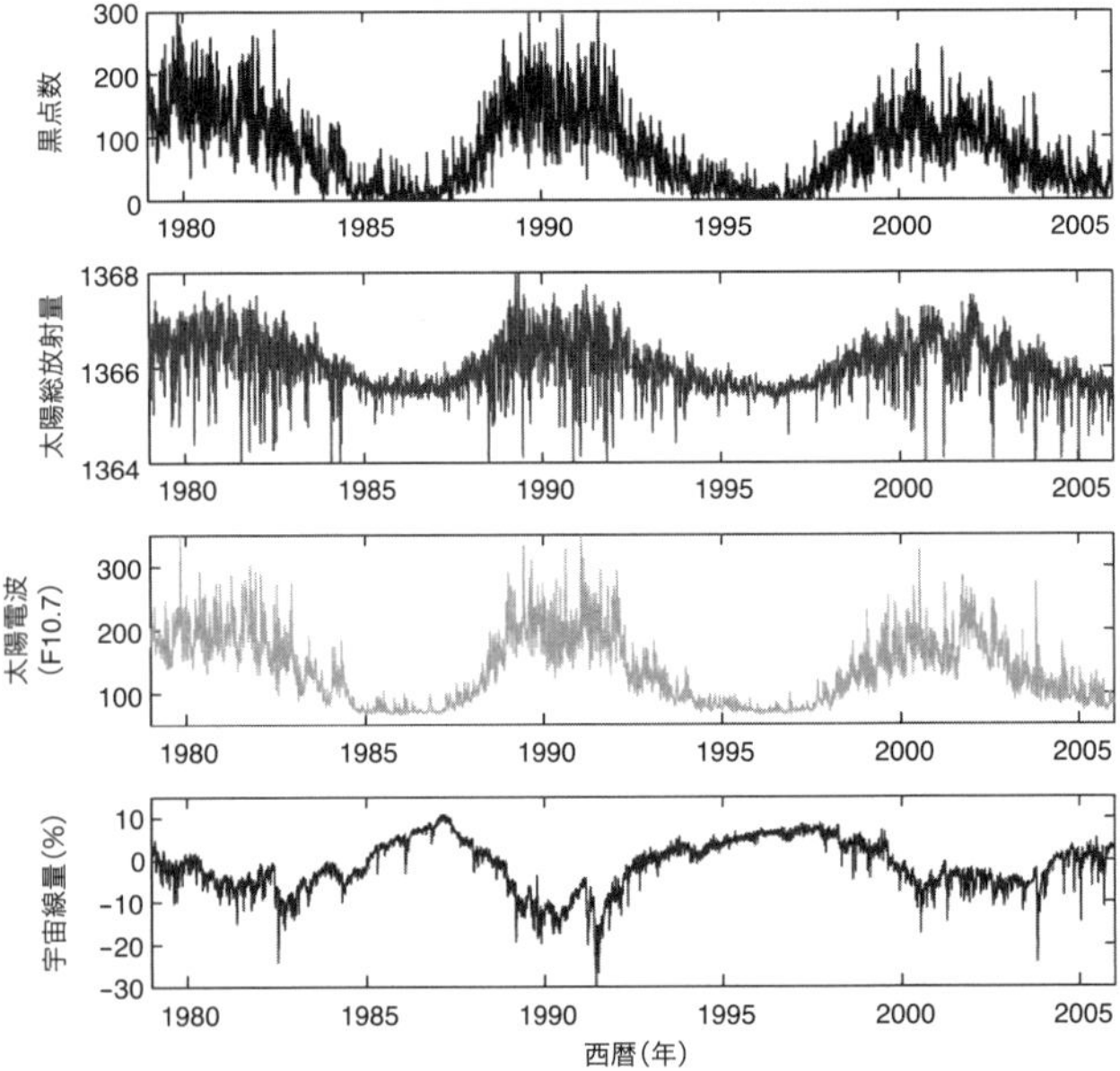

図4-3　太陽活動にともなって変動する、黒点数、太陽放射、太陽電波（紫外線量の指標となる）、宇宙線量の変動　黒点数、太陽放射、太陽電波はNOAA、宇宙線量はオウル大学中性子モニター（http://cr0.izmiran.rssi.ru/oulu/main.htm）のデータをもとに作成。

どうなっているかを見ていくと、やはり両者には非常に強い関係性があるということも見えてきます。ただし、前述のとおり、太陽の11年周期にともなう変動を手がかりにしようとすると、多少の時間差があるとはいえ、日射などの影響と宇宙線の影響との見分けがつきにくいという問題が生じます。宇宙線の影響を見分けるにはちょっとした工夫が必要になってきます。

地磁気の変動を利用して宇宙線影響を探る

宇宙線の影響を見分けるひとつの方法は、地磁気の変動に着目するというものです。銀河宇宙線は、太陽圏の磁場による遮蔽を受けたあと、地磁気によってさらに遮蔽を受けてから地球大気に突入します。ですから、地磁気強度が変われば、地球表層に届く宇宙線の量も変化するのです。

地磁気は数千年以上の時間をかけて、非常にゆるやかに、強度や向きなどを変化させています。地磁気は、地球の内部にある、おもに鉄とニッケルでできたコアの運動によってつくられています。コアの中心部にある内核と呼ばれる固体部によって液体である外核が温められて対流を起こします。外核の運動には、地球の自転の影響も加わります。

地磁気の変動は、太陽の活動とは独立していますので、銀河宇宙線の影響だけを見たい場合に貴重な手がかりとなります。地磁気はおよそ数十万年から数百万年に1度反転することが知られています。そのとき、磁場の強度は10分の1程度に減少し、銀河宇宙線の量が大幅に増加します。完全に反転する現象だけではなく、数万年に1度、反転しかかって失敗してふたたびもとの向きに戻るという「地磁気エクスカーション」と呼ばれる現象も知られています。たとえば、4万年ほど前に、ラシャンプ地磁気エクスカーションと呼ばれる現象が起こっています。このときも、磁場の強度が数千年にわたって3分の1程度に弱くなっていたことが知られています。

こうした地磁気イベントのときに気候がどうなっていたのかを見ていくと、宇宙線と気候との関係性が見えてきます。立命館大学の北場育子准教授らのグループは、大阪湾の海底の地層に含まれる花粉の分析により、地磁気の反転が起こっていた時代に花粉の種類が変化していたことを突き止めました。これは、寒冷化によって、周辺の植生が変化したことを意味しています。より寒冷な気候に生育する樹種の花粉がその時代の地層に混入していたのです。これは、地磁気の変動時に明確な気候変動が検出された重要な研究成果となっています。

宇宙線だけに特徴的な22年周期変動を手がかりにする

そのほか、私たちが取り組んできたのは、太陽圏の環境の変化と気候変動との関係性を探る研究です。宇宙線の変動は、おおむね日射量と同じような変動を示しますが、マウンダー極小期にさかのぼると、太陽圏の環境が大きく変化し、宇宙線が日射量の変動とはまったく異なる変動を持つということがわかってきたのです。マウンダー極小期では、黒点がほとんど現れませんでしたので、日射量の11年変動の振れ幅は70年間にわたって非常に小さいかほとんどなかったと考えられます。一方で、太陽磁場の変動は継続的に続き、しかも周期的な変動の振れ幅はむしろ大きくなっていて、宇宙線が特徴的な変動を持っていたらしいということがわかってきたのです。

第2章二節にも書いたように、地球に突入する宇宙線の変動は、太陽圏の磁場の構造によって決まってきます。カレントシートと呼ばれる、磁力線が逆向きに接したシート状の磁場がどれくらいうねっているかによって、宇宙線がどれくらい遮られるかが決まっています。マウンダー極小期では、図2－17のような、カレントシートがうねったり平らになったりのリズムは現在と同じように続いていたようなのですが、極小期で平らになった際の平坦さの度合いが、現在よりもさらに平坦になっていた可能性が高いことがわかってきました。現在では、平坦になった際でも5度程度のわずかなうねりが存在していますが、もしカレントシートが完全に平らになってしまうと、宇宙線がより遮蔽を受けにくくなって大量に地球に押し寄せるはずです。

ただしそれは、図2－16のような、カレントシートに沿って宇宙線が太陽圏の内側に移動しやすくなる、太陽の磁場が南向き（北極がS極、南極がN極）のときに限られます。マウンダー極小期では11年周期が14年周期に伸び、そして14年周期の極大ごとに太陽の磁場の極性が反転していました。つまり28年間に1度だけ、カレントシートが平ら、かつ、磁場が南向きという状態が発生します。そのとき、太陽圏の宇宙線に対するシールド力が最大限に低下するのです。グリーンランドの氷床から得られたベリリウム10のデータを見てみると、そのとき、宇宙線が最大で40％も増加していたことが見て取れます（図4－4）。

現代においては、太陽磁場の反転の影響は、宇宙線の変動パターンが11年ごとにわずかに異なるという程度にしか影響しませんが、マウンダー極小期では宇宙線の22年変動（実際には太陽周期が伸びたために28年周期）の振幅が増幅していたことになります。これは、黒点が消失し、太陽表面の磁場の乱れが極端に減ったことで、太陽圏の構造にも影響が出ていたことを意味します。

カレントシートはめったに平らにはなりませんが、実は観測史上1度だけ、真っ平らになる様子が観測されたことがあります。それは1954年のことです。ごく短期間でしたが、太陽の南北の極周辺の磁場が非常に強くなったために、それによって低緯度の風が押しこまれる形になってカレントシートが真っ平らになりました。1954年6月30日の日食時に、図4－5のように太陽からまっすぐに伸びるコロナの磁場

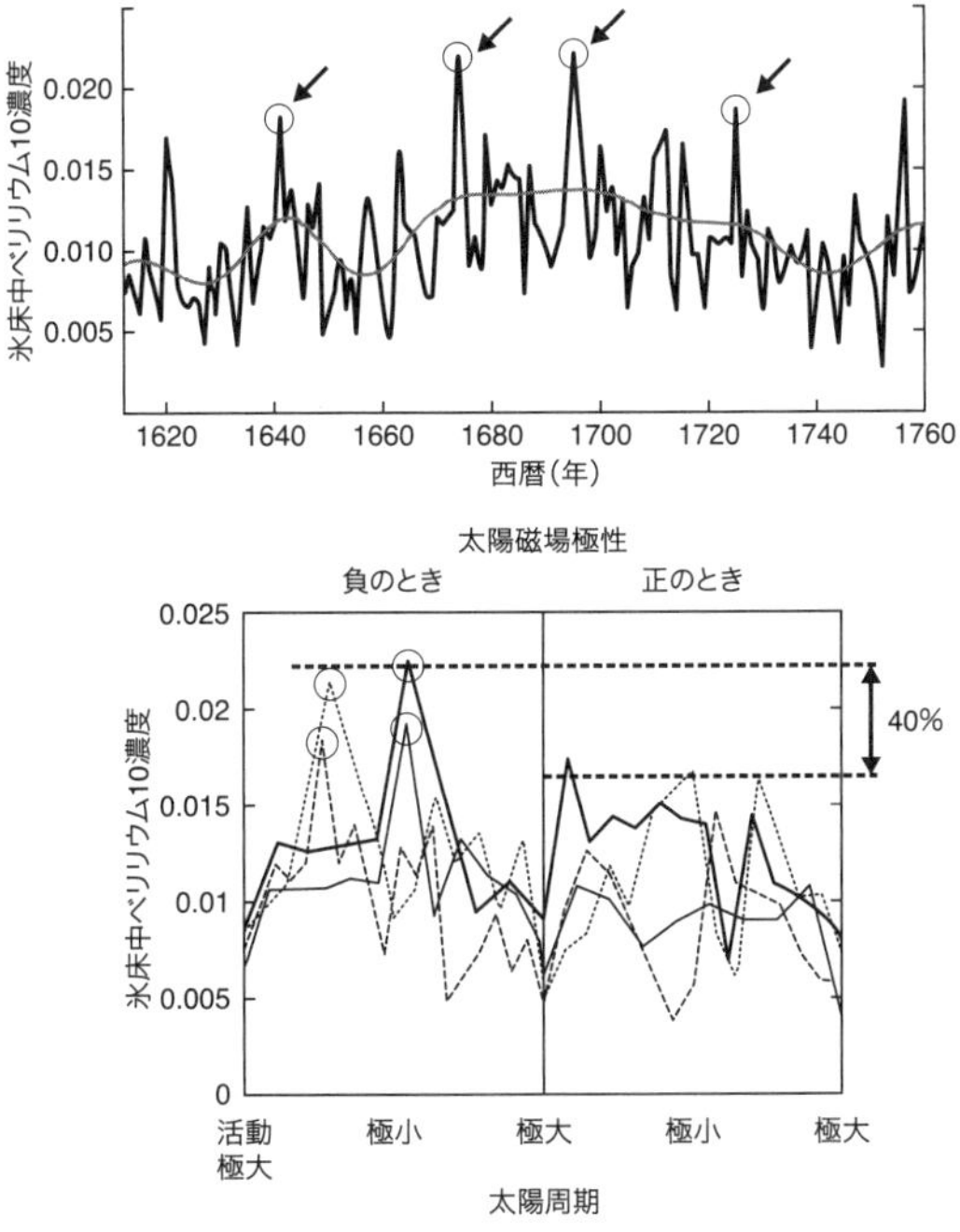

図4-4　マウンダー極小期前後の宇宙線変動（上）と太陽磁場の極性ごとに変動を重ねあわせたもの（下）　下のグラフの左が太陽磁場が負極性（太陽の北極がS極、南極がN極）のとき、右が正極性（北極がN極、南極がS極）のとき。Yamaguchi, et al., 2010 より。

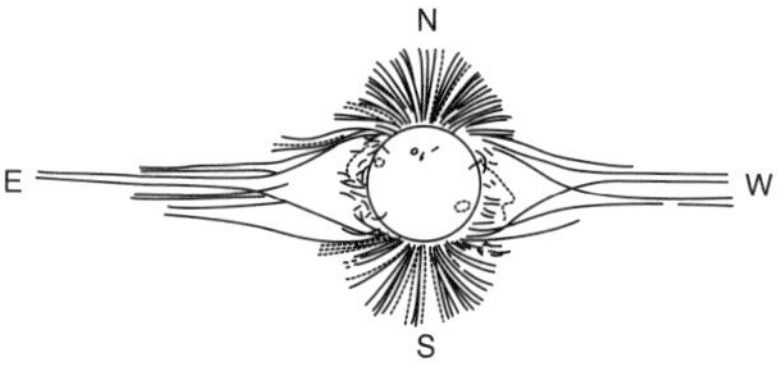

図4－5　1954年6月30日の日食時に観測された太陽から水平方向に真っ直ぐに伸びる磁力線　Vsekhsvjatsky, 1963を参考に作成。

が観測されています。これは特別な例ですが、カレントシートはむしろ、太陽活動が低下したときに平らになりやすいと考えられます。太陽表面で微小な磁場の乱れすらもなくなってしまった場合に、太陽磁場は完全な双極子型となり、シートが平らになるのです。

太陽圏環境に左右される気候

宇宙線の変動幅は現代においては最大でも20～30%程度ですから、マウンダー極小期でその20～30%に加えて28年に1度、一時的にさらに40%も宇宙線が増加していたというのは、宇宙線の気候変動への影響を検出する絶好の機会となります。好都合なことに、40%ものピークは1年だけ続くという特徴的な変動ですから、見分けやすくもあります。そこで私たちは、マウンダー極小期の太陽周期を復元するのに使った木の年輪を使って、当時の気候変動についても調べることにしました。分析に使った木は、奈良県にある室生寺の五重塔のそばに立っていた一本杉が台風で倒れた際に、学生時代の恩師である名古屋大学の村木綏《やすし》名誉教授が入手したものです。ちょうど樹齢が400年ほどで、マウンダー極小期の時代を完全にカバーしています。しかも、中部日本の木に含まれる酸素同位体の成分は、梅雨時期の相対湿度をきれいに反映します（図4－6）。梅雨時期の降水の情報が得られるというのは、地球全体での大気循環について考えるうえでも貴重な情報になります。

室生寺の杉から得られたデータには、確かに28年に1度の大きな変化が見られました（図4－7）。エルニーニョなど地球自身が持つ気候のリズムはかなり大きな変動ですが、その変動から明確に突き抜けた湿潤化のピークが観測されたのです。炭素14とベリリウム10のデータを組み合わせてみたところ、宇宙線量が40％増加したまさにその年に、梅雨時期の雨が増えていたこともわかりました。そのほか、グリーンランドの氷床から復元された気温や、北半球の平均気温などのデータからも、28年の周期が見つかりました。いずれも、宇宙線のピークが見つかった太陽磁場の極性が南向きのときに、急激な気候変動があったことを示しています。太陽圏の環境の変化が、宇宙線の変動に影響し、そしてそれを通じて地球の気候に作用している、という概観が見えた瞬間でした。これは、気候の変動を正確に予測するためには、太陽活動の予測だけでなく、太陽圏環境の予測すらも重要になってくるということを意味しています。地球の気候システムを太陽圏システムという一段大きな枠組みでとらえるということが今後必要になってきます。太陽、太陽圏、宇宙線、そして地球の応答、それらをつなげるための試みが続きます。

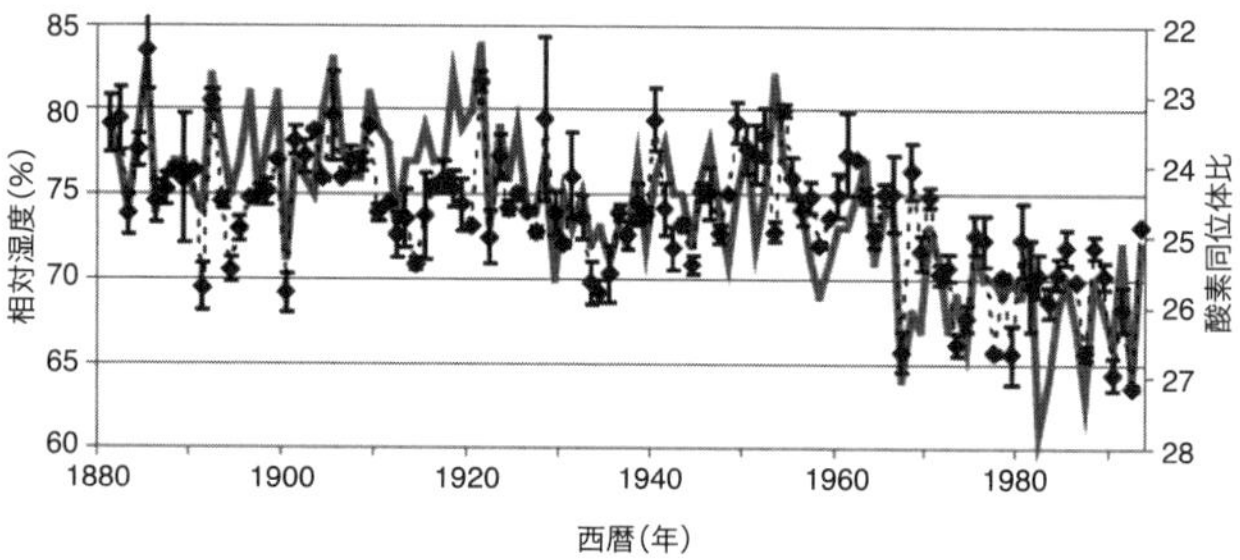

図 4 - 6　相対湿度の変動と非常によい相関を示す樹木年輪中の酸素同位体濃度　気候復元のよい指標として用いることができる。Yamaguchi, et al., 2010 より。

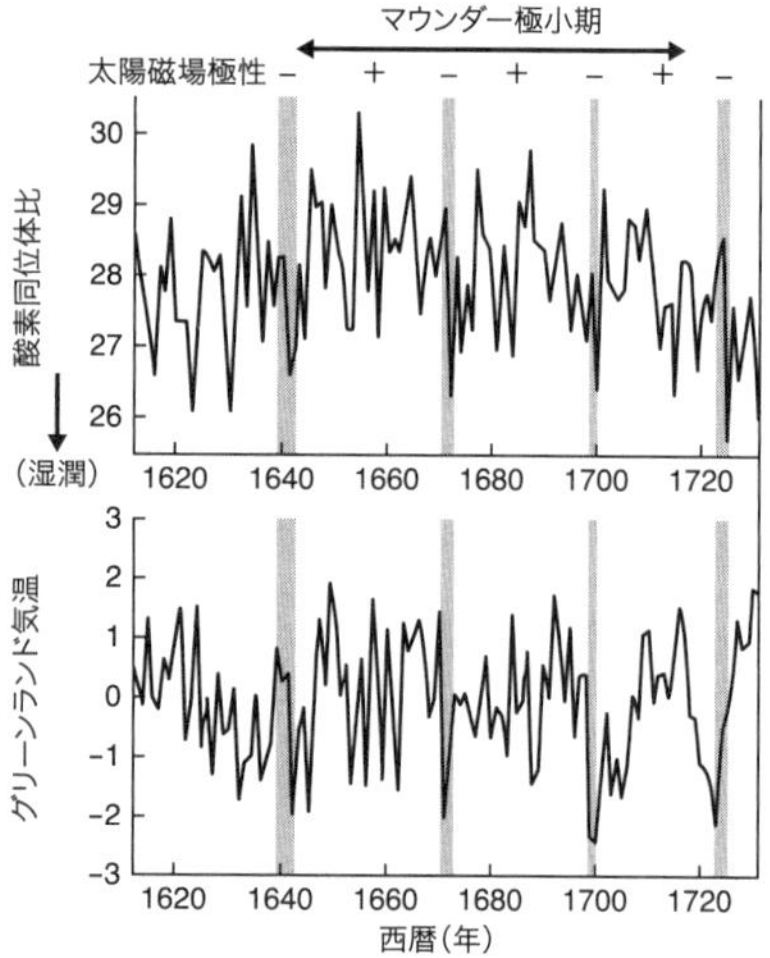

図 4 - 7　マウンダー極小期に見られる 28 年変動　宇宙線が急激に増加する、太陽磁場が南向き（負極性）のときに、日本では梅雨時期の雨が増え、グリーンランドでは寒冷化が起こっている。Yamaguchi, et al., 2010 より。

二　宇宙線と雲

宇宙線が影響するプロセス

ここまで見てきたように、宇宙線がどうやら地球の気候に影響している可能性が高そうだということがわかってきています。ただし問題は、宇宙線は**どうやって**地球の気候に影響するのだろうか、という点です。これは未解明の非常に難しい問題ですが、少しずつ研究は進んできており手がかりが得られつつあります。

宇宙線が地球の大気に作用して天気に影響しうるというアイディアは、古くから行われてきた宇宙線の検出方法に由来します。その検出方法とは、１８９７年にチャールズ・ウィルソンが発明した霧箱です。これは、箱の中を過飽和の気体で満たしておくと、宇宙線が通過した際にその飛跡が霧となって見えるというものです。宇宙線が分子をイオン化し、そこにまわりの蒸気が凝縮することによって、飛跡が目に見える筋状の霧となって現れます。ここで重要なのは、宇宙線が、光を反射するものをつくりうるという点です。宇宙線がもし大気中で霧のようなものをつくったとすると、地球は白っぽさを増して太陽からの光をより強く宇宙空間に跳ね返すことになり、地上では気温が低下することになります。

ただし地球上には、霧箱のように水蒸気が過飽和の状態になっている場所はほとんどありません。実際、地球の各地域の過飽和度は、なぜ地球上にこれほど雲が存在するのかを説明できないほどに低いのです。純粋に水蒸気だけを考えた場合、数百％もの飽和度でなければ雲は発生しないはずなのです。ではなぜ雲が発生しているのかというと、それは「エアロゾル」と呼ばれる固体や液体の微粒子の存在に原因があります。

エアロゾルなどの微小な物質が大気中に存在すると、水蒸気は、飽和度が低くてもエアロゾルを核として液滴になり、そして雲粒に成長することができるのです。エアロゾルには、硫酸エアロゾルのような生物起源のもののほか、ブラックカーボンなどの人為的なものも存在します。エアロゾルはおもに地上3キロメートルまでの範囲に多く存在しています。それに加えて、宇宙線も、大気の成分に作用することで水蒸気が集まりやすくなる微粒子をつくり出して、雲の形成や成長、あるいは雲の寿命の変化に影響しているのではないかと考えられています。

宇宙線が具体的にどのような過程を経てエアロゾルをつくり出すかについては、霧箱実験のように箱を用意して、大気の成分を模した気体を入れておき、放射線を当てることによってその作用を調べるという研究が進められています。この実験の計画が一番最初に持ち上がったのは、２０００年頃のことだったと記憶しています。計画はなかなか実現されませんでしたが、実験室での予備実験を経て、ようやくスイスのジュネーブにある欧州原子核研究機構（ＣＥＲＮ）の大型加速器を使った「ＣＬＯＵＤ実験」の実現へとつながり、２０１１年以降、たくさんのデータが報告され始めました。その結果は、大変興味深くもあり、しかし予想以上に複雑なプロセスが進んでいるらしいことを示しています。

宇宙線の影響を受容しやすいホットスポットはどこか

そもそも１９９７年にスベンスマルクらが論文で発表したのは、対流圏のごく下層にできる低層雲と宇宙線との相関でした。低層雲とは地表からおよそ3キロメートル上空までのあいだに現れる雲です。とくに海上の低い雲が宇宙線の変動とよく相関しているということが示されていました。ところが、ＣＥＲＮの実験で示されたのは、気温が低い対流圏上層ほど宇宙線によるエアロゾルの形成が促進されやすい、というものでした。宇宙線が影響しているのではと考えられていた地表3キロメートルは、宇宙線が影響する条件が整っていないということになります。そのほか、雲粒の核になるエアロゾルとしては、硫酸エアロゾルが重要であることがわかっていますが、実験からはその硫酸エアロゾルの素になる二酸化硫黄だけでは不十分で、ほかにジメチルアミンなどの生物起源の成分の存在が重要である可能性が高いことが示されました。

実験の結果から考えてみると、宇宙線が増えた結果として最終的に地表から3キロメートルほどまでの雲の量が増えるらしいということはよいとしても、それとは別に、宇宙線が気温のより低い場所にまず作用して、それが大気循環などを経て低層の雲に影響している可能性も捨てきれません。宇宙線が雲に影響するプロセスは、私たちが思っていたよりも一段複雑なようです。それでは、具体的に大気中のどのあたりで、宇宙線はエアロゾルをつくり出しているのでしょうか。

宇宙線は、成層圏の下部から対流圏の上部で、よりたくさんの二次粒子をつくり出しますので、とくにそのあたりで大気のイオン化が大きく促進されています（図4－8）。一方、地磁気の形状の問題で、極域ほど放射線に対するシールド力が弱くなっていますので、宇宙線は南極や北極の上空にたくさん降り注いでいます。地磁気がどの程度宇宙線をシールドしているかは、「地磁気カットオフリジディティ」という指標で知ることができます（図4－9）。カットオフリジディティの数値が大きいほど、よりエネルギーの高い粒子でも遮ることができるのです。たとえば、この値が地球上で一番高いのは赤道に近い地域です。高緯度にいくにしたがって数値は小さくなり、赤道の100分の1以下のエネルギーの粒子さえ遮ることができない強度になり、極域では実質的にほとんど宇宙線に対するシールドは働いていません。

以上のことから、極域のほうが宇宙線がたくさん入ってくるので、より強く雲の形

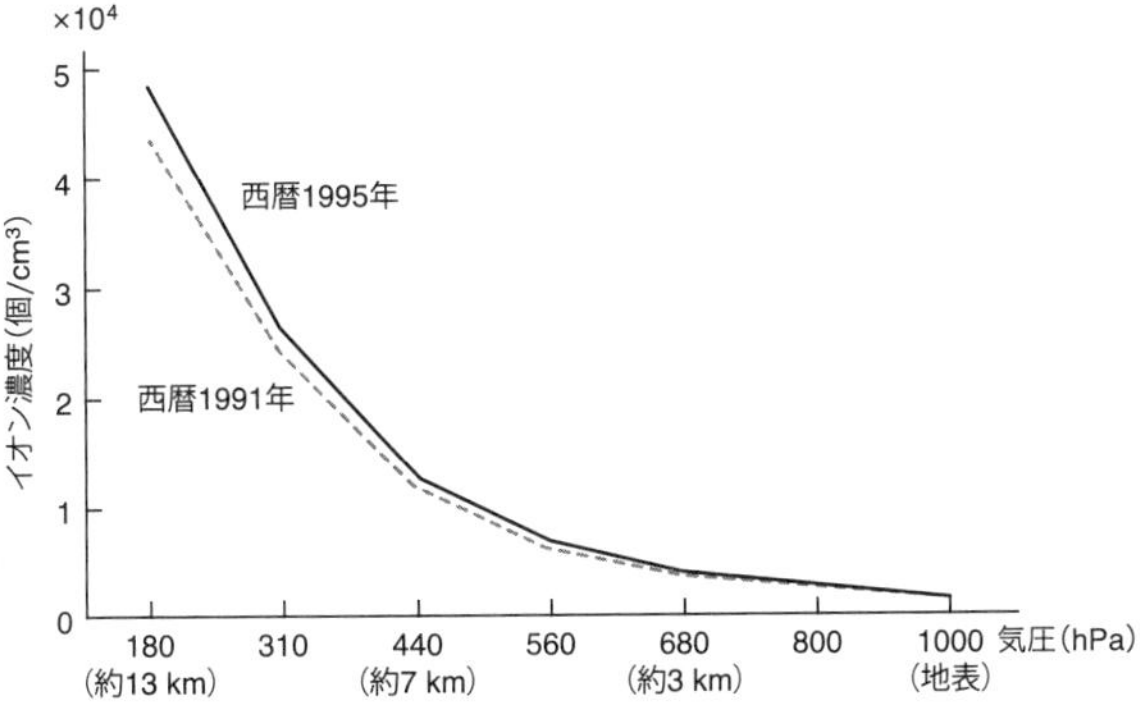

図4-8　大気中の高度ごとに示した宇宙線がつくるイオン濃度（赤道での値）　実線は、太陽活動が極小だった1995年の分布。点線は、太陽活動が極大だった1991年の分布。提供：I. Usoskin（オウル大学）

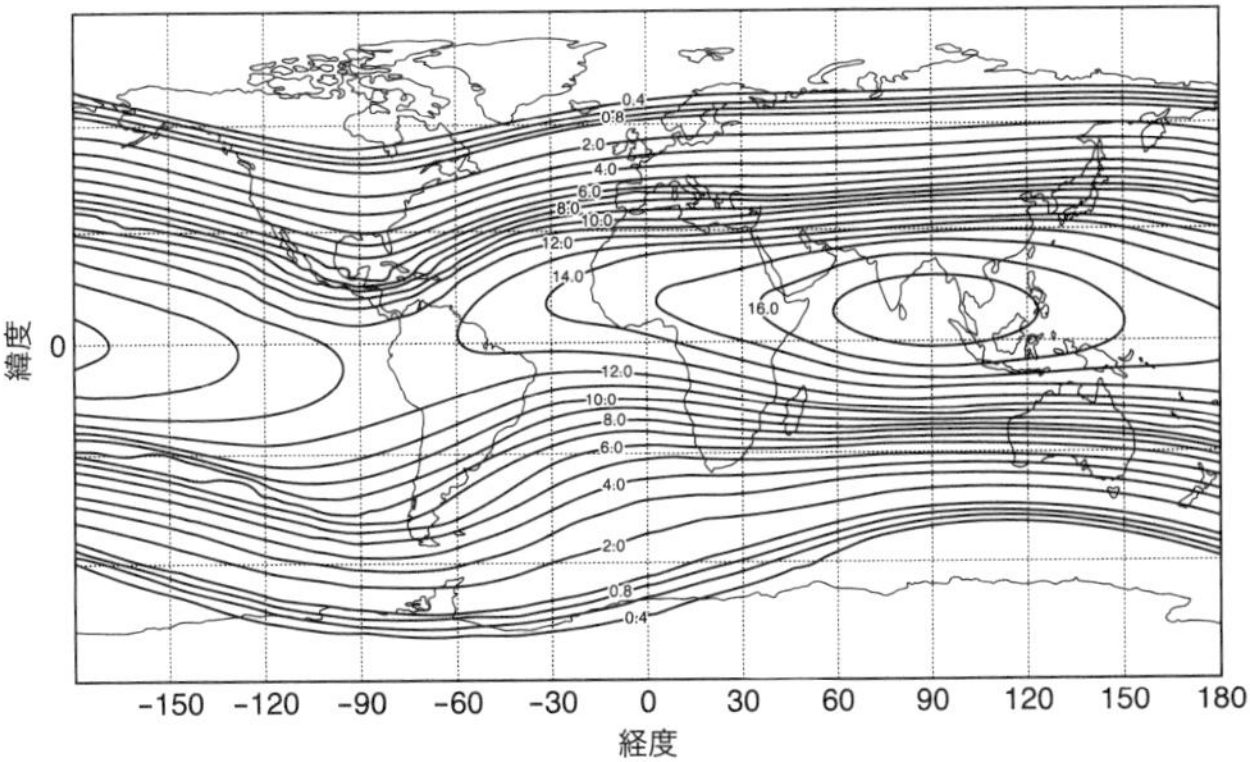

図4-9　地磁気が宇宙線を遮る度合いを示した地磁気カットオフリジディティの図　値が大きいほど、高いエネルギーの粒子でも遮ることができることを意味する。極域は値が小さく、遮蔽力は弱い。http://www.geomagsphere.org/geomag/を参考に作成。

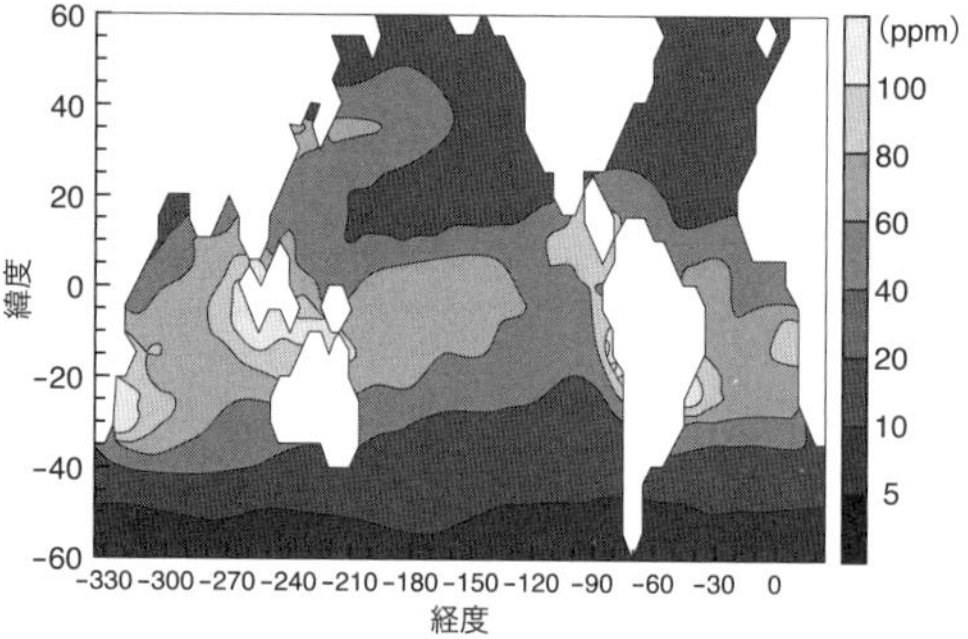

図 4 - 10　対流圏上部における二酸化硫黄の濃度の分布
Kazil, et al., 2006 を参考に作成。

成に影響している可能性が高いように感じられますが、実際にはそうともいえない可能性があります。

宇宙線が雲に作用するためには、まずは雲の材料が豊富であることが重要なのです。コロラド大学の研究者らは、その条件が揃っているのは、むしろ赤道に近い地域だと主張しています。赤道では地磁気が宇宙線を強く遮っているので不利ですが、水蒸気はもちろんのこと、エアロゾルの素となる二酸化硫黄なども大量に存在しています（図 4 - 10）。二酸化硫黄は、火山や植物プランクトンの活動によって増える気体で、赤道域に豊富に存在しています。ジメチルアミンももちろん含まれています。

赤道域は日射が強く、強い対流によってエアロゾルの素となる成分や水蒸気が大量に上空に持ち上げられますので、図 4 - 8 にあるように宇宙線が常時数万個という単位でイオン化を起こしている場所に雲の材料が運ばれていることになります。上空では、太陽活動の変動にともなって、イオン濃度が5％程度変化します。まだ証拠は得られていませんが、ひょっとしたら宇宙線はまず対流圏上層で雲の形成に作用し、そしてそれが大気循環に影響し、最終的に低層の雲の量の変化をもたらしているのかもしれません。

宇宙線のもうひとつの効果

宇宙線が大気をイオン化することによって雲の核となるエアロゾルをつくっているという説のほかに、もうひとつ別の説が提唱されています。こちらの影響についてはテキサス大学のティンズレー教授らのグループが研究を進めています。地表から「電離圏」（図4－2参照）までの大気圏全体が電気回路のようになっていて、宇宙線がその電気回路内における電気の流れやすさを変えて雲に作用している、という「全球電流回路（グローバルサーキット）」説です（図4－11）。

電離圏には、雷雲によって上層に運ばれた正の電荷が溜まっていて、地表と電離圏のあいだには、数百キロボルトもの電位差が生じています。大気は基本的には電気を通しにくいのですが、その電位差に駆動されてわずかながら電流が流れています。宇宙線は、大気中でイオン化を促進し、大気中の電気の通りやすさ、すなわちイオンの

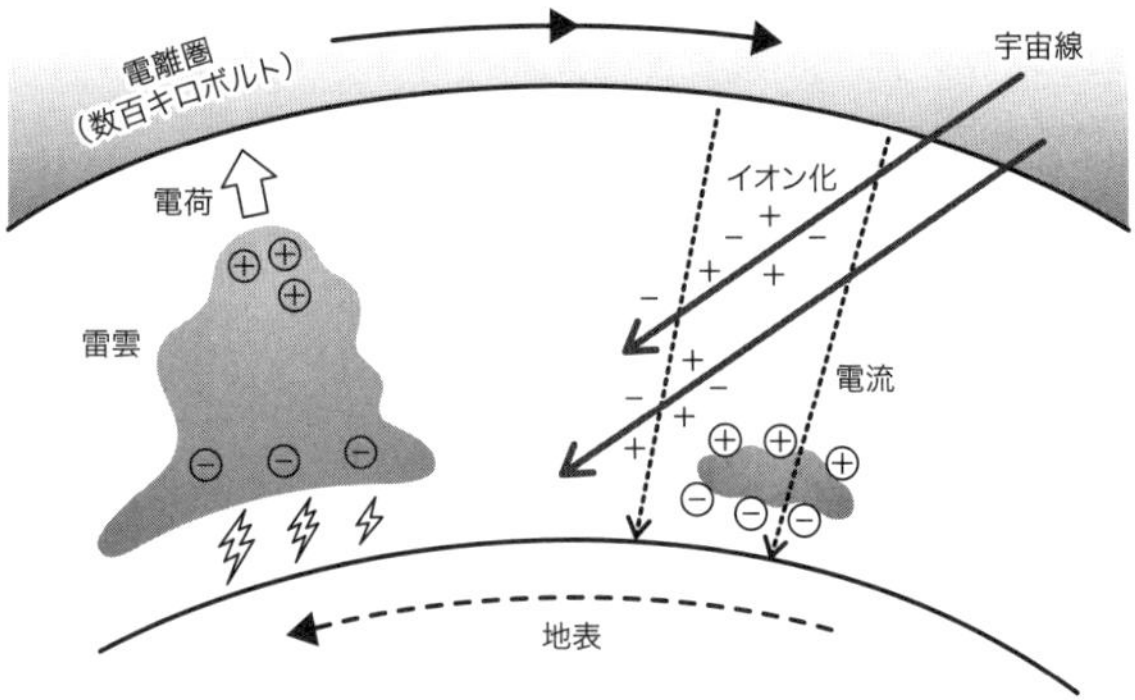

図 4 - 11　全球電流回路（グローバルサーキット）の模式図　大気中での電流の流れやすさを宇宙線がコントロールするという説。

移動のしやすさに影響します。電気を通しにくい雲が大気中に浮かんでいる場合には、その雲の上下の両端にイオンが溜まっていくことになります。その結果、雲はコンデンサのように電荷が溜まった状態になり、ついには雲の中に浮かんでいる雲粒に電気的な作用を及ぼします。雲の粒を蒸発しにくくしたり、あるいは雲粒どうしの衝突を活性化して降水を促進したりする効果が考えられています。その結果として、雲の寿命が変わります。

複雑なのは、雲の中に存在している雲粒の大きさに応じて、影響が異なってくるという点です。必ずしも雲粒の成長を促進するだけではありません。雲粒が小さすぎた場合には成長しにくくする効果もありますし、もし雲粒が大きすぎた場合には、慣性力が強いので電気的な影響が出にくいなど、いくつかのパターンがあるようです。その場所のそのときの状態によって、同じだけ宇宙線が飛んできても影響が変わってきてしまう、という非常に複雑なことが起こっている可能性が示唆されます。

このことは、もし地球の気候状態が変わってしまうと、宇宙線に対する気候の感度が変わってくる可能性も示唆しています。たとえば、氷期においては寒冷化によって大気中に氷の粒がたくさん増えると考えられますが、その影響によって宇宙線の変動に対する感度が変わっていただろうとティンズレー教授は示唆しています。このことは、第3章三節で触れた、なぜ氷期のほうが太陽周期の影響が比較的はっきりと表れるのか、ということと関係しているのかもしれません。

さらに、将来の気候変動に関しても重要な示唆を与えています。もし人間活動によって大気中に放出される水蒸気やエアロゾルの量が増えると、宇宙線による電気的な作用がより強く出やすい状態になってしまう可能性があります。雲粒やエアロゾルがどれくらいあるか、そしてそのサイズがどれくらいなのかということが、宇宙線に対する感度という意味で、非常に重要なのです。

第5章
変わるハビタブルゾーン

一　地球史の謎は解けるか？

宇宙線源の密集域への接近

ここまで、太陽活動や太陽圏といった比較的地球に近い宇宙の環境の変化が地球に与える影響について見てきましたが、もう少し大きな空間スケールで地球という存在をとらえた場合、どのようなことが見えてくるのでしょうか。宇宙線が地球にどのような影響を及ぼすかということを探求する際、太陽や太陽圏は、宇宙線を遮るものとして重要な意味を持ちます。一方で、太陽圏に飛んでくる宇宙線の量自体も数千万年あるいは数億年というスケールで増減しています（表5－1）。その変動の原因となっているのは、私たちの太陽系が属している天の川銀河の環境の変化です。天の川銀河に属する2000億個以上の恒星のうち、太陽の約8倍以上の質量を持つ恒星が死ぬ際に起こす大爆発の残骸（超新星残骸）で銀河宇宙線はつくられます。超新星残骸の衝撃波が、荷電粒子を高エネルギーに加速するのです。ですから、太陽圏に飛んでくる宇宙線の量は、太陽系の近傍にどれくらい超新星残骸があるかということに依存して、変化することになります。

太陽圏の近傍にどれくらい超新星残骸があるか、そのカギを握るのが銀河の構造の

表5-1　宇宙線変動の大まかな時間スケールとその要因。比較のため、ミランコビッチ・サイクルの時間スケールも示す。

時間スケール	変動要因
数億〜数十億年周期	スターバースト
1.4 億年周期	太陽系が銀河の腕を通過
6000 万年周期	太陽系が銀河円盤をアップダウン
1万〜数百万年	地磁気変動
（2万、4万、10 万、40 万年	ミランコビッチ・サイクル）
1000 年、2000 年	太陽活動の長周期（極小期の頻発）
200 年周期	太陽活動の長周期（極小期の発生）
11 年、22 年周期	太陽活動周期と太陽磁場反転
27 日周期	太陽の自転周期にともなう変動

時間変化と、銀河の円盤の中を移動している太陽系の位置です。銀河は非常に面白い構造を持っています。銀河の構造を見ると、明るく光る恒星が密集している腕のような領域が何本かあるのが目につきます（図5-1）。そして、その明るい腕と腕のあいだには暗く見える領域があります。さらに、時間とともに明るい領域と暗い領域が少しずつ移動し、銀河の渦構造が回転しているのがわかります。そのふたつはまさに、星の生死と関係しています。

明るく光る腕は、恒星が密集している地域です。ここは星がたくさん死ぬ場所でもあります。一方で、腕と腕のあいだの暗い領域には、死んだ星の塵やガスが密集する分子雲があり、それらを材料にしていずれまた新しい星が形成されていきます。銀河の中のたくさんの恒星の死と生まれ変わりのリズムが銀河の腕となって見えているのです。太陽系は、その銀河の中を、少しだけ速度を持って移動しています。

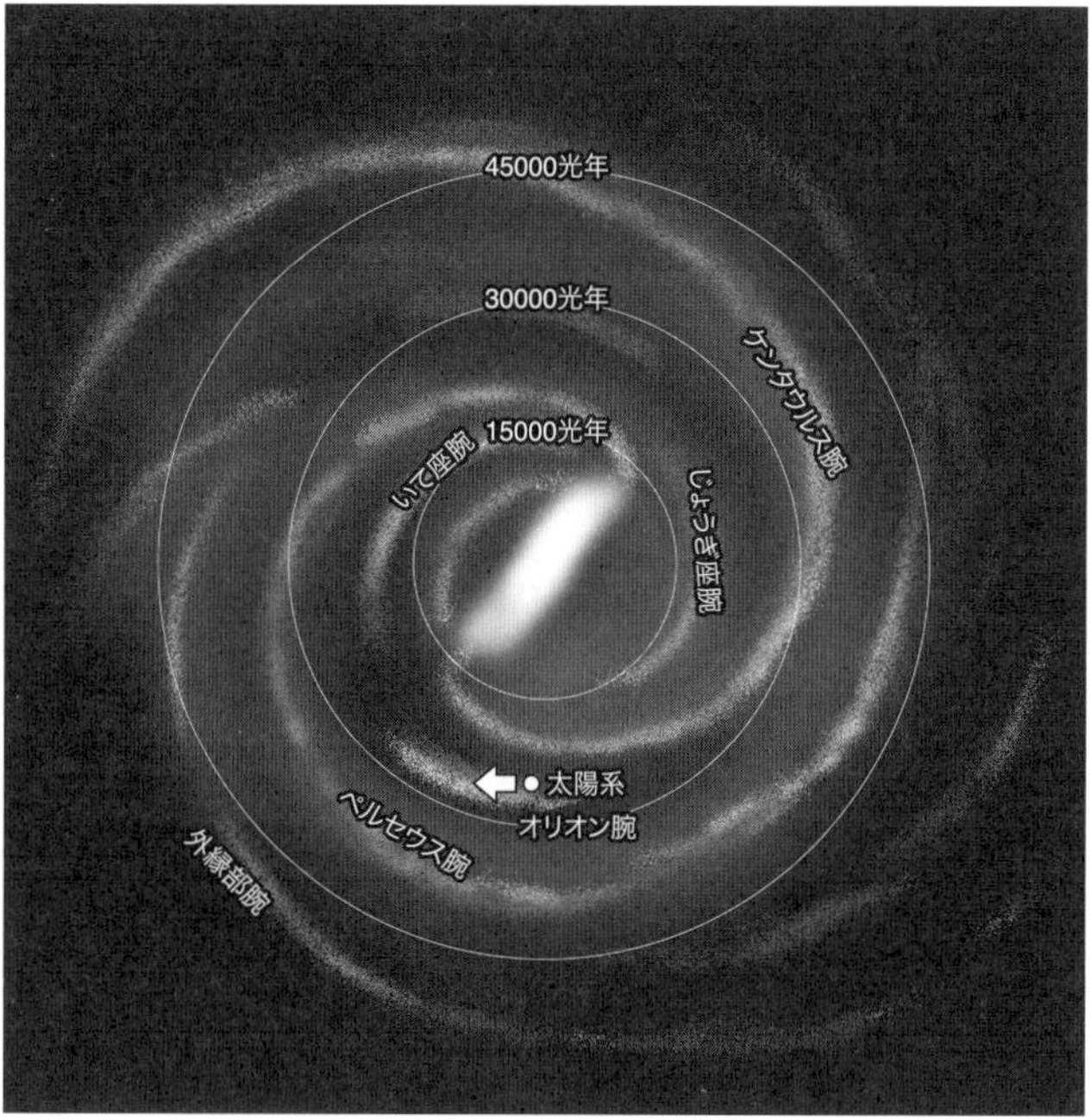

図5-1　太陽系が属する天の川銀河の模式図　太陽系は、矢印の方向に移動しており、約1.4億年ごとに銀河の腕に入ったり出たりする。現在太陽系はオリオン腕の中にいるが、いずれペルセウス腕へと移動する。腕と腕のあいだの領域は、星の材料となる塵やガスが漂っている箇所。

そして、１・４億年おきに銀河の腕の中を通過するのです。銀河の腕の中ではたくさんの恒星が死を迎え超新星爆発を起こしていますから、太陽系がそこを通過しているあいだは、より多くの宇宙線が降り注ぐことになります。加えて、太陽系が銀河の円盤の中を公転する際に、円盤に対して垂直な方向に振動しながら移動している影響で、地球に降り注ぐ高エネルギーの宇宙線の量に６０００万〜７０００万年ほどの周期性があるという計算結果も出されています。天の川銀河がおとめ座銀河団の方角に向かって移動しているために、進行方向側に衝撃波が形成されていて、そこでも宇宙線が生み出されているというのです。

さらに、天の川銀河に近隣の銀河が近づいてきたときに、潮汐力によって「スターバースト」と呼ばれる星の爆発的形成が引き起こされる可能性もあります。その場合には大量の恒星が急激に形成され、そして超新星爆発を起こしますので、太陽系が超新星残骸に接近しやすくなるだけではなく、残骸そのものに突っ込んでしまう可能性も上昇します。

太陽系周辺の宇宙環境の変化にともなって生じる宇宙線量の変動は、太陽活動によるものと比べて何倍も大きなものになりますし、超新星残骸のごく近くに接近してしまった場合には、桁違いに高レベルの放射線下にさらされることになります。雲形成が促進されて寒冷化が引き起こされるだけではなく、オゾン層が破壊され、危険な太

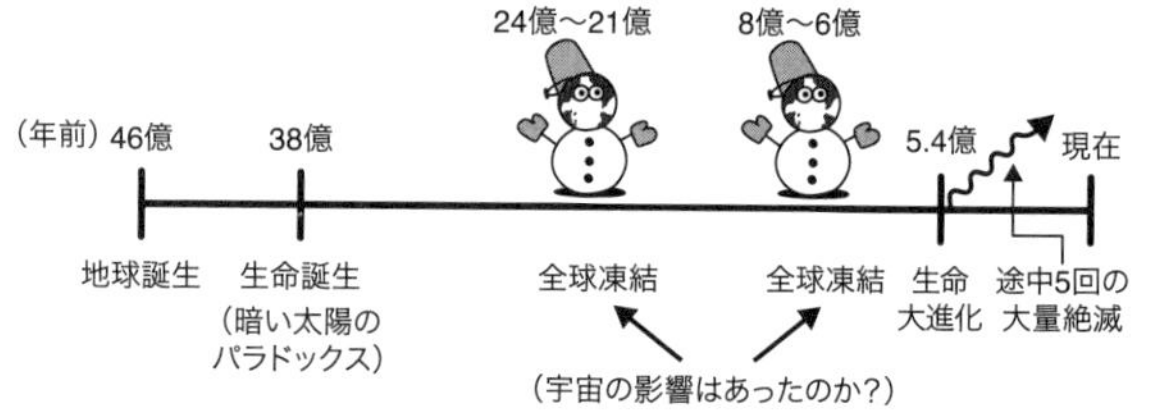

図５－２　地球史上の大イベント

陽の紫外線が地表に届きやすくなったり、あるいは高レベルの放射線が生命のＤＮＡに影響する可能性もあります。

スターバーストが発生した際には、超新星残骸だけではなく分子雲に遭遇してしまう確率も大幅に増加します。分子雲は「暗黒星雲」とも呼ばれています。星の材料である塵が高密度に密集している領域で、そこに太陽系が突っ込んでしまった場合には大量の塵が地球に降り注ぎ、寒冷化が引き起こされることになります。太陽系が移動しているスピードを考えると、万が一暗黒星雲に突入してしまった場合、数十万年というスケールで塵の密集地帯を抜けられない状態が続きますから、地球の気候への影響は絶大なものになります。

地球史上の大イベント

地球の46億年の歴史を振り返ってみると、現在からは想像できないような大イベントが起こっています（図５－２）。たとえば、地球が赤道まで氷に覆われてしまう「全球凍結（スノーボールアース）」と呼ばれる出来事が、いまから８億

〜6億年ほど前と、24億〜21億年ほど前に起こっていますし、「カンブリア大爆発」と呼ばれる生命の急激な進化などもあります。そして、生物種が突然急激に減少する大量絶滅と呼ばれる出来事もたびたび起こっています。

全球凍結は、当時赤道近くにあったはずの場所から氷河の前進によって運ばれた岩石が発見されたことによって、その可能性が議論されるようになりました。全球凍結は、何らかの原因で温室効果ガスが減少したために起こったという考えがあります。温室効果ガスが減少することで寒冷化し、少しずつ氷河が拡大して地球が白くなることによって太陽光を宇宙へ跳ね返す割合が増え、そしてさらに寒冷化するというフィードバックが雪だるま式に効いて、やがて全球が凍結してしまったという説です。

全球凍結が起こると、海洋の表面も含めて凍結してしまうため、火山から大気中に放出される二酸化炭素が海に吸収されず、ひたすら大気中に溜まり続けます。その結果、二酸化炭素の温室効果によって気温が上がり、全球凍結は終わりを迎えます。全球凍結の地層の上に「キャップカーボネート」と呼ばれる白い炭酸塩の分厚い層が見られるのは、全球凍結が終わって海をおおっていた氷が融けた際に、大量の二酸化炭素が一気に海洋に溶け込み、炭酸塩を生成したためであると考えられています。

しかし、なぜ寒冷化が始まったのか、原因は本当に二酸化炭素の減少だったのか、そして、なぜそのタイミングで全球凍結が発生したのかについての明確な答えは見つかっていません。急激な生物進化や大量絶滅についてもさまざまな仮説が提唱されていますが、根源的な原因は特定できていません。

ところが、宇宙に目を向けて、地球での出来事と、地球を取り巻く宇宙環境の変化を照らし合わせてみると、驚くべきことに、いくつもの共通点が見えてきます。たとえば、全球凍結が発生していた24億〜21億年ほど前と8億〜6億年前は、天の川銀河がスターバーストを起こしていた時期で、太陽系が暗黒星雲をかすめてもおかしくない状況にあったことがわかります。そのほか、1・4億年ごとに繰り返す寒冷化のタイミングは、太陽系が銀河の腕を通過するタイミングと一致していますし（図5－3）、生物種の数に見られる6000万〜7000万年周期という変動は、銀河の中での太陽系のアップダウン運動と関連している可能性が指摘されています（図5－4）。地球の中だけに目を向けていたときには必然性がないように見えた地球史上の大事件の究極的な原因は、宇宙の環境の変化にあるかもしれないのです。

地磁気変動との相乗効果

宇宙からの影響をさらに大きくするうえで一役買っている可能性があるのが地磁気です。太陽系が暗黒星雲に突入した場合、数十万年から1000万年ほど寒冷化が続くことになりますので、そのあいだに必ず、第4章一節で書いたような地磁気の反転

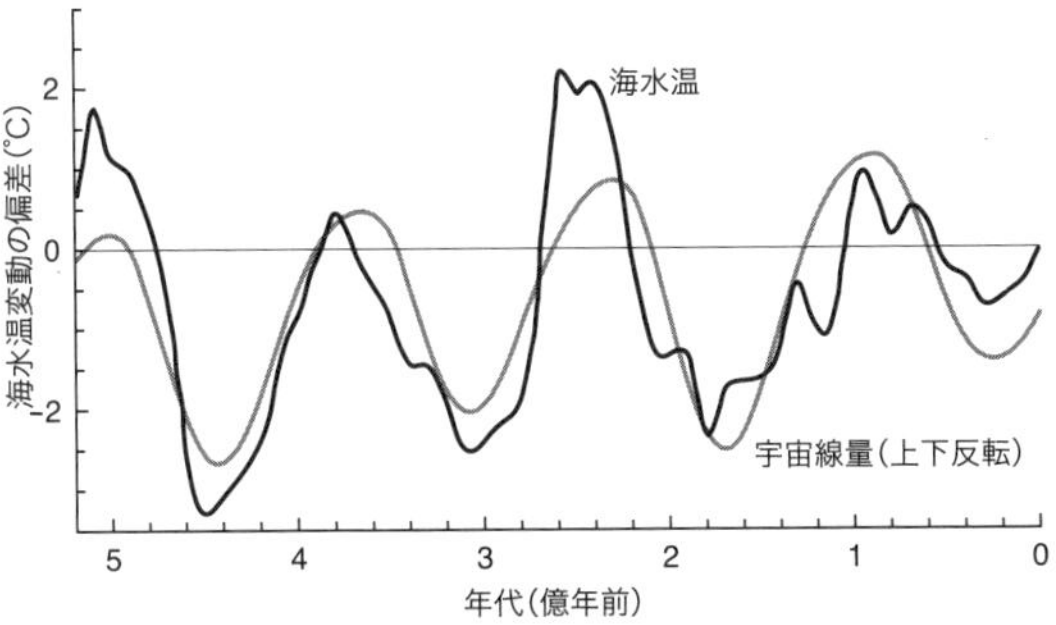

図5－3　宇宙線の1.4億年周期変動と海水温変動　宇宙線量が増えた際に海水温が低下している。Shaviv & Veizer, 2003を参考に作成。

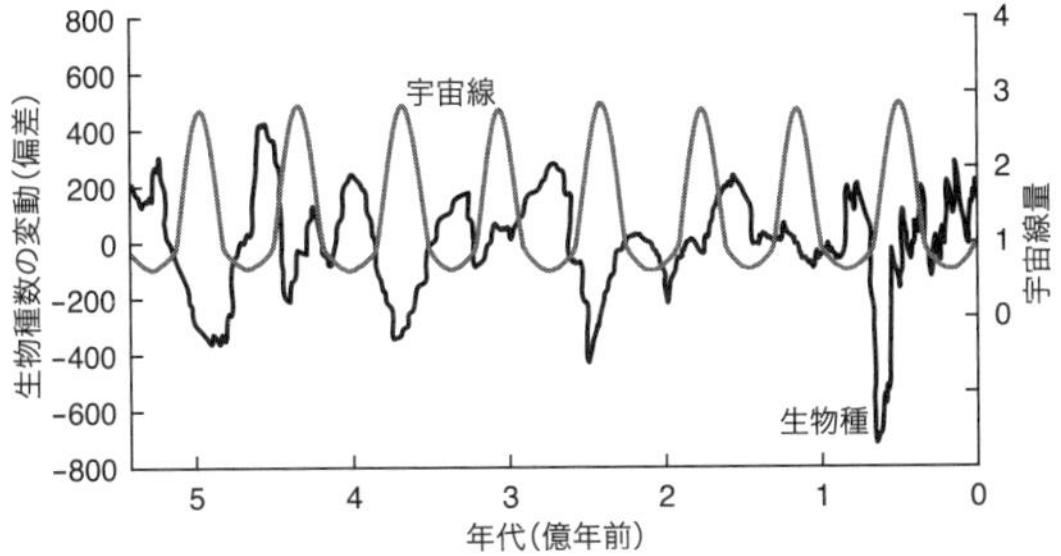

図5－4　生物種数の周期的な変動と宇宙線変動の相関　宇宙線量は現在を1としたもの。生物種数は長期トレンドを差っ引いてある。Medvedev & Melott, 2007を参考に作成。

か、あるいは少なくとも反転しかかって失敗するエクスカーションと呼ばれる状態を経験します。地磁気反転の際には地磁気の強度が10分の1程度に減少しますし、エクスカーションでは反転にこそ失敗するもののやはり3分の1程度に強度が弱まります。

暗黒星雲に太陽系が存在している間は、その圧力によって太陽圏が縮小し、ただでさえ宇宙線に対するシールド力が弱まっています。そこへ、地磁気のシールドが弱くなってしまう効果が加わることによって、北極や南極だけでなく低緯度のあたりにまで高エネルギーの宇宙線が大量に降り注いできてしまうということが起こります。

さらに興味深い説として、東京大学の磯崎行雄名誉教授が「プルームの冬」という仮説を提唱しています。これは、宇宙からの影響によっていったん寒冷化が始まってしまうと、地球の内部の対流にも影響が及び、それによって地磁気が弱まり宇宙線をシールドする力が弱まってしまうことで、ますます寒冷化に拍車がかかるという説です。コアと地表のあいだに挟まれているマントルでは、表層とコアとの温度差に駆動された対流、「プルーム・テクトニクス」が起こっています。コア付近で温められたマントルが上昇して表層付近で冷やされるとまた沈み込みます。磯崎名誉教授が提唱しているのは、気候が寒冷化すると、上昇したマントルがより低い温度に冷やされ、それが沈み込んでコアの外核に接触してしまうことで外核中の物質の対流を乱し、地磁気の生成を弱めてしまうというものです。地磁気が弱まると、宇宙線に対するシールド力が弱まります。５回ほど起こっている大量絶滅イベントのうち、もっとも大規模な絶滅が起こったペルム紀とトリアス紀の境界である２億５０００万年前の時代に、実際に、地磁気の反転が頻発していたことが報告されています。

恐竜が滅んだのは？

そのほか、約６６００万年前の恐竜の絶滅に関しても面白い仮説が提唱されています。恐竜の絶滅の原因については隕石説や火山説など諸説あり、長いこと論争が続いていました。隕石あるいは彗星が衝突したとされる年代よりも少し前から生態系に変化が見られ始めていることもあって、議論は困難をきわめていたのですが、少なくとも最終的にとどめを刺したのはメキシコのユカタン半島に衝突した巨大隕石あるいは巨大彗星だろうという説が、現在では有力視されています。衝突によって地球規模で巨大津波が起こったほか、大量の塵が大気中に巻き上げられて寒冷化し、生態系に大打撃を与えました。

実は、巨大隕石（もしくは巨大彗星）が落下したのも、単なる偶然ではない可能性が指摘されているのです。隕石は、火星と木星のあいだにある「アステロイドベルト」と呼ばれる小惑星帯から飛んできています。小惑星どうしが時折衝突してしまった際に、その破片がアステロイドベルトから弾き飛ばされて地球に飛んできます。一方で彗星は、海王星のすぐ外側あたりにある、惑星になりきれなかった氷の微惑星が長周期で公転している「エッジワース・カイパーベルト」や、太陽系を球状に取り囲むように存在している「オールトの雲」が起源と考えられています。もし太陽系が暗黒星雲に突っ込んでしまうと、重力の作用によってそれらの領域を公転する小惑星の軌道が大きく乱されるのです。すると、地球に巨大な隕石や彗星が飛んでくる確率が格段に上がることになります。恐竜にとどめを刺した隕石の衝突も、実はそのような宇宙の重力的な作用の影響によって必然的に発生していた可能性があるというのです。

寒冷化が起こると、まずは植生が影響を受け、それによって食物連鎖が大打撃を受けることによって生物種が減少していきます。生物生産が変わることによって大気中の酸素などの濃度が変化し、さらなる影響が及びます。

大量絶滅が起こったあとに生物種が急速なスピードで増える現象も、単に捕食する肉食動物がいなくなったことでそれまで立場の弱かった生物が進化の場を広げたというだけではなく、近傍の超新星残骸からの100～1000倍もの強力な放射線下にさらされることによってDNAに影響が及び、進化のスピードが加速した可能性さえ考えられます。

数億年スケールの地球史を記録する地層

このような地球史スケールの気候の記録は、海底に堆積した地層が長い年月をかけて固結し岩石となったものを分析することによって取得します。日本では、たとえば岐阜県各務原《かがみはら》市の木曽川沿いに、大量絶滅の頃の気候変動を記録する岩石が露出しています。もともとは太平洋の海底に堆積していた地層だったものが、プレートの移動にともなって大陸側へと運ばれ、さらに地表に運ばれて露出したものです。地層が横倒しの状態になっていて縞模様が川沿いに並んでおり、川沿いに歩くと、新しい地層からだんだん古い地層へと移り変わります。

2011年頃に、調査に参加させてもらう機会があり、その地層の採取に行きました。珪藻などのプランクトンの死骸が堆積してできた5センチメートルほどのガラス質の岩石と、大陸から運ばれた塵などの粒子が堆積してできた数ミリメートル程度の泥岩の縞が何層にも重なっています（図5-5）。この5センチメートルほどの縞は、当時のミランコビッチ・サイクル（第3章二節参照）のリズムによって、生物生産量が増えたり減ったりすることによってできたものです。珪藻が堆積してできたチャートと呼ばれる岩石は非常に硬く、1層1層を大型ハンマーで割って採取を進めます。修行を積んだ地質学の大学院生が器用にサクサクと硬い岩石を割って歩く様は、圧巻そのものでした。泥岩の層は、頁岩《けつがん》と呼ばれる割れやすいもので、こちらはバターナ

図5-5　木曽川沿いに露出しているペルム紀〜三畳紀頃の堆積岩　5センチメートルほどの層は、ミランコビッチ・サイクルにともなう生物生産量の増減によるもの。

イフで削り取っていきます。

話はそれますが、学問的な興味と研究の手段が自分に向いているか向いていないかは、往々にして一致しません。地球を取り巻く宇宙環境の変化に興味があっても大量の岩石を割って研究室に持ち帰る体力と筋力がなければ研究できませんし、重要な地層がいつも駅や飛行場のすぐそばにあるとは限りません。調査の合間に耳にした、世界各地の僻《へき》地での地質調査の話は、物理出身の私には想像を絶するようなものばかりでした。宇宙の研究でも、そのような齟《そ》齬《ご》は発生します。私自身、遠い宇宙の研究ができたら、と思ったこともありましたが、実際に研究をやるとなると、望遠鏡づくり、つまり電子回路の工作ができなければならないということを知り、愕然《がくぜん》としたことがあります。化学的な手法で宇宙を研究できる分野があってよかった、とつくづく思いながら、割れない岩石と格闘していました。

さて、採取した岩石からどのような情報が得られるのでしょうか。もし大量絶滅が起こった当時、塵などが大量に降り注いでいた場合には、ほかの塵に混ざって頁岩にそれらが見つかる可能性があります。また、もし太陽系が超新星残骸をかすめていた場合は、その層に炭素13濃度の異常が見つかるはずです。現在の地球では、炭素13が炭素12の100分の1程度しか含まれていませんが、超新星残骸にある炭素には、炭素12と炭素13がほぼ同じ割合で含まれているのです。太陽系がその残骸をかすめた際にそれらの炭素が降り注いでいたとすると、海底の地層から炭素13の濃度が増加したより大きく変動しているような層が見つかるはずなのです。実は、大量絶滅の年代付近ではそのような炭素13の増加が見られることがあります。磯崎名誉教授らが取得した炭素のデータでもペルム紀とトリアス紀の境目で、炭素13濃度の増加と大きなアップダウンが見えつつあります。これらのデータは、当時の地球が置かれた宇宙環境についての重要なヒントを与えているのかもしれません。

生命誕生と宇宙線

いったん生まれてしまった生命にとってエネルギーの高い銀河宇宙線はＤＮＡを傷つける脅威をもたらす存在ですが、宇宙において生命が誕生する際には、実はとても重要な役割を果たしているかもしれない、という話があります。地球上では、遅くとも38億年前には生命が誕生していたということがわかっていますが、地球が誕生してから数億年間は、小天体が絶え間なく衝突し、そのエネルギーで地表がマグマにおおわれていたとされています。それがようやく落ち着いたのは、いまから40億年前頃になってからのことです。しかも最近は、38億年よりも前に原始的な生命が誕生していた可能性があるという議論もあります。ですから、生命誕生に費やすことのできる時間がとても短く、ゼロの状態から生命をつくることができたとはとても考えにくいのです。

１９５３年にハロルド・ユーリー・スタンリー・ミラーが行った実験で示されたように、生命の素であるアミノ酸は、水蒸気とメタンとアンモニアと水素さえあれば、そしてそれに雷などが当たれば（実験では材料をフラスコに入れて高電圧をかけて放電を起こし、材料をイオン化しました）、簡単にできてしまいます。しかしその後の研究で、原始の地球の大気はユーリーとミラーがフラスコに入れた成分とはずいぶん違っていたようだということが判明します。当時の地球では、アミノ酸が非常につくられにくい環境だった可能性が高いのです。そこで注目されているのが、彗星が生命の素となるアミノ酸を宇宙から運んできたという説です。

実際に、2009年に、スターダスト探査機によって彗星の成分が調べられ、その中にアミノ酸が含まれていることが確認されました。彗星には、水だけではなく、一酸化炭素や二酸化炭素、そしてメタンやアンモニアなど、さまざまな成分が含まれています。問題はそれらをどうやってイオン化させてさまざまなアミノ酸をつくるか、というところですが、興味深いのは、高エネルギーの宇宙線であれば氷の塊を貫通することができ、中に含まれる物質をイオン化させることができるという点です。太陽などの恒星が放つ紫外線も物質をイオン化させることができますが、塊となっている物質にはほとんど影響できません。一方で、宇宙線であれば氷の塊である彗星にも影響できますし、さらにいうと、太陽系がまだ生まれる前の分子雲のように、塵などの物質が大量に漂い光が遮られているような場所でもアミノ酸をつくることができるのです。

つまり、生命の素であるアミノ酸は宇宙のあらゆる場所に漂っている可能性が高いのです。あとは、地球が住み心地のよい状態になった頃に彗星に乗って地球の海に降り立ち、生命に進化すればよいのです。

このように、宇宙において生命の素がどうやってできたか、そしてそれがどのように伝搬していったかを研究するのが「アストロバイオロジー」という分野です。

アミノ酸ではなく、微生物の状態になってから地球にやってきたのではないかという説もあり「パンスペルミア仮説」と呼ばれています。アミノ酸が火星などの別の天体に降り立って生命となりしばらく過ごしたあと、その天体に隕石などが衝突した際に飛び散った破片に乗って地球に移動したという説もあります。火星は、現在は冷え切っていて荒涼とした砂漠のような場所ですが、過去には水をたたえた惑星だったということが最近の火星探査で判明してきています。

このように、地球の生命の先祖は、どこか別の天体でゆっくりと誕生し、そして地球に移住してきたのかもしれないのです。

二　暗い太陽のパラドックス

暗い太陽のもとで生命は誕生した

宇宙気候学の進展によって、ひょっとしたら解けるかもしれない地球史上のパラドックスについて触れておきましょう。それは「暗い太陽のパラドックス」と呼ばれているものです。地球史の研究者のあいだではよく知られているパラドックスですが、太陽物理学者のあいだで活発に議論がなされるようになったのは、比較的最近になってからのことです。

地球のおおよその気温は、太陽が放つ光の量、太陽から地球までの距離、地球が太陽光をどれくらい宇宙空間へ跳ね返すか（アルベド）、そして地球がメタンや二酸化炭素などの温室効果ガスをどれくらい持っているか、この四つによって決まります。ですから、もし太陽からの光の量が極端に減少してしまうと、地球はもはや住み心地のよい星ではなくなります。

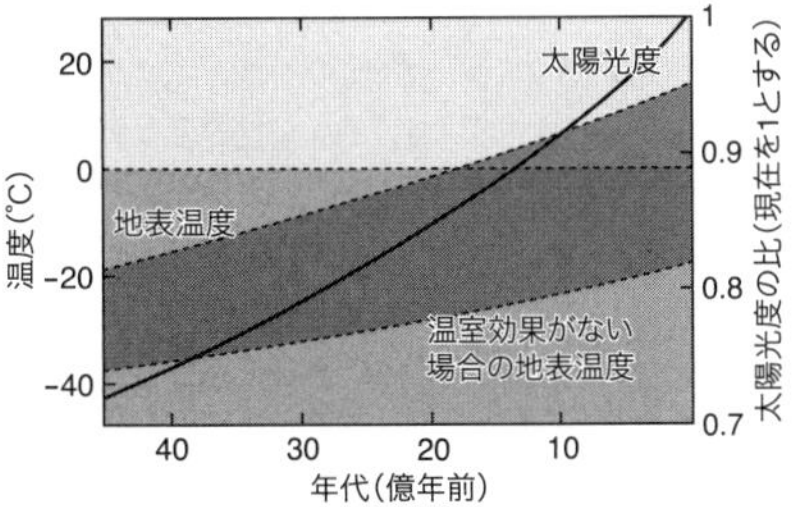

図5-6　過去46億年間における太陽光度の変化と、それに対応する地球の地表温度変化
温室効果の影響を加味したものが上側の点線。

ところが、地球史の46億年のスケールを考えると、太陽の恒星としての進化の問題が絡んでくるのです。恒星は、生まれたばかりの頃は暗く、そして核融合が進み、つまり歳を取って、恒星の大気の成分が変化してくると、だんだん明るくなってきます。この効果は、太陽の活動の度合いに応じてアップダウンする光量の変動とは比べものにならないほど大きく、極端な割合で変化します。太陽の進化を考慮すると、若い太陽が放出していた光の量は、現在の7割程度にしか及ばない計算になってしまうのです（図5-6）。そうすると、生命が誕生したとされる38億年前は、水が液体では存在できなかったという計算になってしまい矛盾してしまいます。温室効果ガスの影響を加味しても、地球が生まれてから20億年ほど前までは氷点下になってしまう計算になるのです。地質学的な証拠から、38億年前の地球上には紛れもなく液体の水があり、そこに生命が生息していたことがゆるぎない事実としてはっきりとわかっています。

パラドックスは解けるか

このパラドックスを解くにはいくつか可能性があります。ひとつめは、温室効果ガスが現在よりも多くて、温室効果が強く効いていたために、太陽光が7割程度しかなかったにもかかわらず地球が温暖で液体の水が存在できたというものです。有力視される温室効果ガスにメタンやアンモニアや二酸化炭素などがありますが、7割もの光量の減少を補えるだけの大量のガスの存在を示す証拠は得られていません。

ふたつめが、実は太陽は暗くなかったのかもしれないという説です。さきほど書いた、若い太陽がいまよりも7割も暗かったという話は、標準的な恒星進化モデルに基づいて計算した場合に得られる値です。ですから、よりくわしく太陽進化を考えることによって、数値がわずかなりとも変わる可能性が残されているわけです。若い頃の太陽をもう少し明るくするためには、当時の太陽がいまの進化モデルのものよりも少し重くなる必要があります。一方で、46億年間でいまの重さになるために、歳を取るごとに急速に質量を減らす必要がでてきます。若い頃の太陽は磁場の活動が非常に活発で、大量の太陽風を吹き出し徐々に体重を減らしていきます。その体重の減少率は比較的小さなものが想定されていますが、もしもっと効率的に質量を減らしていた可能性があるのだとしたら、生まれたばかりの太陽をいま考えられているよりも重たくすることができ、若い太陽がそれほど暗くなかった可能性を残すことができます。

太陽が質量を失う方法はふたつあります。ひとつは、太陽風として太陽全体から穏やかに連続的にガスを放出するというものです。こちらが現在の恒星進化モデルに組み込まれているぶんです。もうひとつが、ひょっとしたら暗い太陽のパラドックスを解くことができる新しいアイディアで、それは巨大な太陽フレアが頻繁に発生して大量の質量が失われていたのではないだろうか、というものです。若い太陽は自転が速く磁場の生成活動が非常に活発ですから、巨大な黒点がたくさん現れていたことは間違いありません。それらの黒点が頻繁に巨大な太陽フレアを引き起こして減量していた可能性があるのです。問題は、どれくらい巨大な太陽フレアが発生しうるか、そして1年間に何回くらい発生しうるか、という点ですが、最近の研究では、現在の100倍ものスピードで質量を失っていた可能性があることがわかってきています。

三つめの可能性は、地球の白さ（アルベド）が減少していたことで、より効率的に太陽光を地表で受け取っていた可能性です。ふたつめの説とこの説のどちらもが重要だった可能性もあります。さきほど書いたように、若い太陽の活動度は非常に高いので、その影響は太陽圏にも及びます。乱れた強い磁場が太陽圏を満たし、それが宇宙線をいまよりも強く遮っていた可能性が高いのです。すると、地球では雲の生成が抑えられ、太陽からの光がそれほど宇宙へ跳ね返されなくなりますので、比較的温暖な気候を保つことが可能になります。

これらの説はまだ仮説ですが、太陽のより古い歴史の手がかりを地層から見つけたり、あるいは太陽に似た恒星を詳細に観測することによって、パラドックスが解ける可能性があります。

変わるハビタブルゾーン

ところで、太陽と、そして地球は、どのような終焉を迎えるのでしょうか。太陽は水素からヘリウムを合成してエネルギーをつくっていますが、いずれは水素を使い果たします。そして、さらに重たい元素を使う核融合に進みます。太陽が核融合に使うことのできる材料は次第に太陽の外層にのみ残されるようになり、いずれは膨張を始め赤色巨星となります。第1章一節で書いたように、太陽の8倍以上の質量を持つ恒星は、核融合の材料が尽きた時点で重力収縮し超新星爆発を起こしますが、太陽は質量が足りないため、ひたすら膨張を続けます。太陽の場合、最終的には火星軌道に届くほどにまで巨大化します。そして、火星軌道の内側を回る地球は、次第に灼《しゃく》熱の地に変わり、そして最後には太陽に飲み込まれることになります。これが起こるのは、いまから約50億年後のことです。地球はこのようにして少なくとも50億年後に終わりを迎えます。

ただし、私たちの住む天の川銀河には、隣のアンドロメダ銀河が近づきつつあることが知られていて、地球が太陽に飲み込まれる前に、アンドロメダ銀河の衝突によって地球が太陽系から弾き飛ばされ地球が終わりを迎える可能性もあります。主星のもとを離れて銀河系内をひとり旅する「浮遊惑星」と呼ばれる天体がいくつも見つかっていますが、地球もそのような冷たい惑星のひとつになってしまうかもしれません。

地球がいつまで住み心地のよい環境を保てるかどうかは、実にさまざまな宇宙の要因に影響されるのです。いろんな影響を考えていくと、地球が心地よい期間は、概して短いものとなってしまいます。これは、次章で触れる地球外生命の探査を一段難しいものとします。

惑星が水をたたえ、生命を育む環境にあるかどうかは、おもにその惑星が属する恒星の明るさと、その恒星から惑星までの距離によって決まります。ある明るさの恒星を考えたときに、惑星の水が液体で存在できる軌道の範囲を、「ハビタブルゾーン」

と呼びます。太陽系の場合は金星のすぐ外側あたりから火星の内側あたりまでがハビタブルゾーンです。ですから、ちょうど地球が公転している軌道のあたりがハビタブルゾーンなのです。

しかし、暗い太陽のパラドックスと関係してくる問題ですが、恒星の明るさは歳を取るごとに変わりますので、恒星がまだ若いうちはハビタブルゾーンが少し恒星寄り、歳を取ってくるにしたがって恒星から少し離れた軌道へと移動していきます。

さらには、もっと複雑ないくつもの項目が、ハビタブルゾーンの位置を大きく左右することになります。恒星が、どれくらいのプラズマを吹き出して恒星圏をつくり、そのまわりの惑星たちを宇宙線から防護してくれているか、そして、その恒星系がいま、銀河系の腕のどのような位置にありどのような放射線環境下にいるか、といったような宇宙環境の影響です。その惑星が磁場を持つかどうか、どれくらいの強さの磁場を持っているか、というようなことも重要な項目となってきます。

それを考えると、地球がいまのように暖かで穏やかなのは、本当に束の間のことのような気がしてきます。

三　地球型惑星を探せ！

地球型惑星の探査方法

第二の地球はあるのか、そしてそこに知的生命体はいるのか、という問いに答えるべく、地球に似た岩石でできた太陽系外惑星の探索が急ピッチで進められています。宇宙分野でいまもっとも興味深く、そして重要な話題のひとつといえるでしょう。2009年から2018年まで運用されていたケプラー宇宙望遠鏡は、地球型惑星を探すために設計された探査機で、数百を超える惑星と、2000以上の惑星候補を探し当てました。

惑星は恒星に比べて非常に小さく暗いので、直接観測するのはなかなか困難です。ですから、夜空を埋め尽くす明るく光る恒星を大量に観測してそのわずかな変化をとらえることによって、その恒星たちのまわりを回っているであろう惑星についての手がかりを得るという方法が取られています。おもに使われているのは、「視線速度法」と「トランジット法」と呼ばれる方法です（図5－7）。視線速度法は、恒星が周辺を回っている惑星の重力的な作用によって揺り動かされることで、地球から見るとその恒星の光が変化して見える現象を利用したものです。恒星が大きく揺り動かされてい

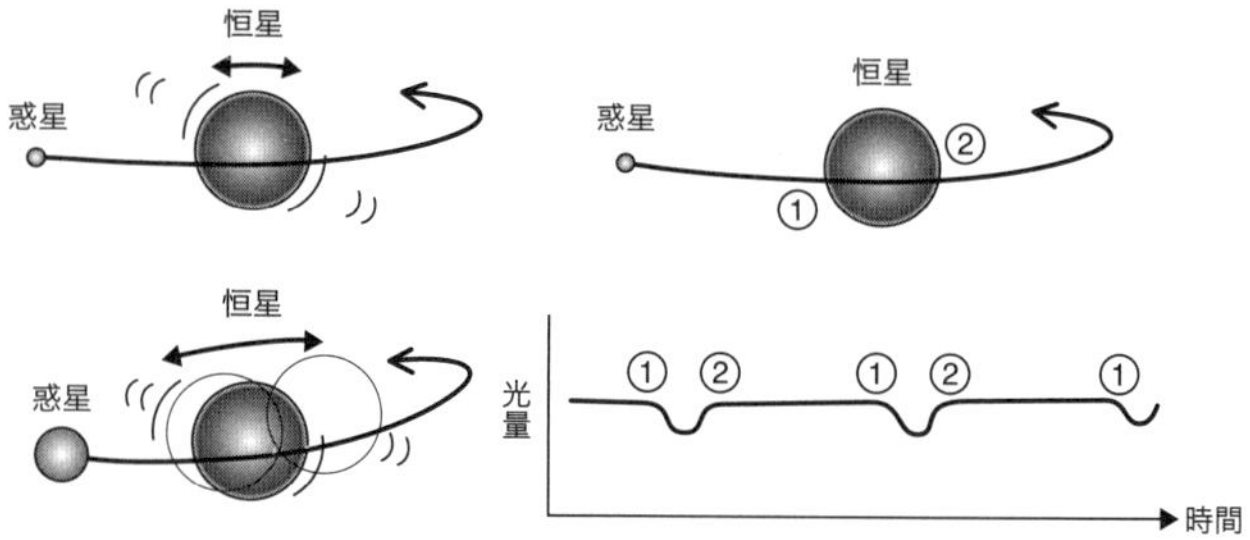

図5-7　太陽系外惑星の検出方法　惑星によって恒星がゆさぶられることを用いた視線速度法（左）と、惑星が恒星の前を横切ることによって光量が減って見えることを利用したトランジット法（右）。惑星の質量が大きいほど、ゆさぶられる度合いが大きくなり（左）、大きい惑星ほど、横切った際の光量の減少率が大きくなる（右）。また、恒星を横切るスピードと減光の周期から、惑星の軌道が推定できる。

る場合は、木星のような重たい惑星がまわりを回っていることを意味します。惑星の存在を確かめたり、質量についての情報を得たりすることができます。

一方、トランジット法は、地球から見て恒星の手前側を惑星が横切ったときに、その惑星の大きさ（地球から見た面積）のぶんだけ恒星の光量が減って見えるという現象を手がかりに惑星を探す方法です。惑星が大きいほど、恒星のより広い面積の光が遮られ、光量の減少が大きくなります。また、公転していますので周期的に光量が減ることになります。その周期と、惑星が恒星を横切るスピードから、軌道が恒星からどれくらい離れているかについての情報を得ることもできます。なかには、太陽がふたつあるような惑星も見つかっています。

視線速度法とトランジット法の両方を使えば、惑星の大きさと重さがわかりますので、密度についての情報も得ることができます。密度から、たとえば、地球のように岩石でできた惑星か、あるいは木星のようにガスでできた惑星か、といったことがわかります。また、密度の具体的な値から、惑星を構成する主要な成分についてもある程度情報が得られます。ダイヤモンドでできた惑星があるというニュースが話題になったこともあります。主成分が炭素だったというもので、なんらかの炭素の化合物からできている可能性が示唆されるわけですが、地中の温度と圧力の条件さえ整っていれば、ダイヤモンドが大量に存在している可能性もあるというわけです。もし、ガスではなく地球のように岩石からできた惑星が見つかれば、そこに生命が生息している可能性が一段高くなります。

住み心地のよい環境かどうかの観測

発見された惑星については、今後大気の成分についての観測が進んでいくことになります。植物が存在していれば酸素が観測されることになりますし、知的生命体の探査という意味であれば、効率的にエネルギーをつくり出すことのできる酸素が存在しているかどうかは重要なトピックです。あるいは毒性の高いガスが存在したりしていないか、という情報も重要でしょう。

惑星の大気の成分は、惑星が恒星の前を横切っているときに惑星の大気越しにその恒星の光を見ることで、調べることができます。恒星の光にはあらゆる波長の光が含まれていますが、その一部が惑星に吸収されて、その残りが地球に届くからです。惑星の大気がどのような波長の光を吸収してしまっているか、というところから、惑星の大気にどのような分子が存在しているかがわかるのです。ハワイに建設が予定されているTMT望遠鏡が完成し観測が開始されれば、ケプラー宇宙望遠鏡によって発見された地球に似た岩石惑星が、生命の生存に適した大気を持っているかどうかについて、膨大なデータが得られてくることでしょう。また、ケプラー衛星に続くミッションとして、2018年にはテス衛星が打ち上げられました。地球型惑星は、今後さらに大量に発見されてくることでしょう。

発見された地球型惑星に生命が住んでいるかどうか、それを探る際にカギになるのが、さきほども出てきたハビタブルゾーンです。主星である恒星から遠からず近からず、寒すぎず暑すぎず、水が液体のまま存在できる惑星かどうかが重要になります。

太陽系外惑星探査の初期の頃は、比較的観測しやすい、主星のすぐ近くを回る巨大なガス惑星（「ホット・ジュピター」と呼ばれています）が発見されることが多かったのですが、最近の観測では、主星からほどよい距離に地球ほどの大きさの岩石惑星がたくさん見つかってきており、その中には4光年という近い場所に発見されたもののもあります。光の速度で4年、往復で8年ですから、ついに〝コンタクト〟が不可能ではない場所に地球型惑星が発見されつつあるのです。その惑星の住人がすでに電波の受信機と発信機さえ発明できていれば、SF映画『コンタクト』の冒頭のシーンにあるように、4年前に地球を出発したラジオの電波を今頃受信しているかもしれず、すでに何かしらの信号を私たちに向けて発信しているかもしれないのです。

発見された地球型の岩石惑星が本当にハビタブル（生命居住可能）であるかどうかは、慎重に観測を続けなければなりません。さきほども書いたように、主星の明るさと、主星からその惑星までの距離だけではなく、その恒星系が銀河のどのあたりにいるか、そのあたりの宇宙環境がどうなっているか、そして恒星の年齢など、いくつもの要因が影響してきます。恒星圏の環境も重要です。その主星がつくり出す恒星圏の環境によっては、ハビタブルゾーンは恒星の近くにもなりうるし、遠くにもなりえます。生命を探査するうえで、住み心地のよい惑星を探すには、惑星を宇宙線から防護するコクーンのような恒星圏を観測することが今後重要になってくると考えられます。

第6章 未来の太陽と地球

一　太陽はマウンダー極小期を迎えるのか

突然訪れた太陽活動の異常

私は2000年頃からマウンダー極小期の研究に取り組み始めました。研究発表の場で唱える〝研究目標〟はもちろん、「マウンダー極小期の発生原因を探ります」というものです。その意味するところは、マウンダー極小期の発生の予測ができるように、ということを含んでいないわけではありません。とはいえ、炭素14のデータを見ても、2000年ほどに1度しか起こらず、数百年以上起こらないこともあるマウンダー極小期の研究に取り組む理由は、予測を実現したいというよりも単に物理を解明したかったというほうに近かったことはいうまでもありません。

しかも2000年は太陽活動がピークを迎えた頃で、その後数年間にわたって大規模な太陽フレアがかなり頻繁に発生していましたから、まさか現在のように太陽活動が低下してマウンダー極小期がこれほどまでに身近な話題になろうとは、微塵《みじん》も思っていませんでした。当時所属していた研究室では、太陽フレアを研究する大学院生と同じ部屋に机を与えられていましたから、巨大な太陽フレアが発生するたびに大盛り上がりする研究室のメンバーたちを羨ましく思いながら横目で眺めていました。

実際のところ、太陽活動がなぜ変動するのか、そしてその変動がなぜ一定ではないのかという問題は非常に難しく、解ける気配すらありませんでした。２００４年に、世界中の太陽物理学者が次の太陽活動周期のピーク（つまり２０１３年に発生するであろうと考えられていた極大期）の予測の取りまとめを行いましたが、その予測は、とても弱くなるというものから、とても活発になるというものまで、見事にすべての予測が出揃う状況でした。ところが、２００７年の春頃、わずかながら異変が見られ始めます。

太陽サイクルは、１７５５年にスタートした太陽周期を起点として、１７６６年に終わったそのサイクルを「サイクル１」、１７６６年にスタートした次のサイクルを「サイクル２」というように数えていきます。サイクル23の太陽活動が始まったのは１９９６年の５月のことでした。つまり、通常のリズムからいくと、２００７年の中頃にサイクル24が始まる計算になります。ところが、２００７年が過ぎても黒点数は減り続け、実際にサイクル23が終わったのは２００８年の12月にずれ込みました。サイクル23の太陽周期が12・７年に伸びたのです。これは実に約２００年ぶりのことでした。

２００７年の春に開催された学会で、ひょっとするとひょっとするかもしれないなどと笑いながら話していたのが、２００８年の春の学会ではみなの表情が一変してい

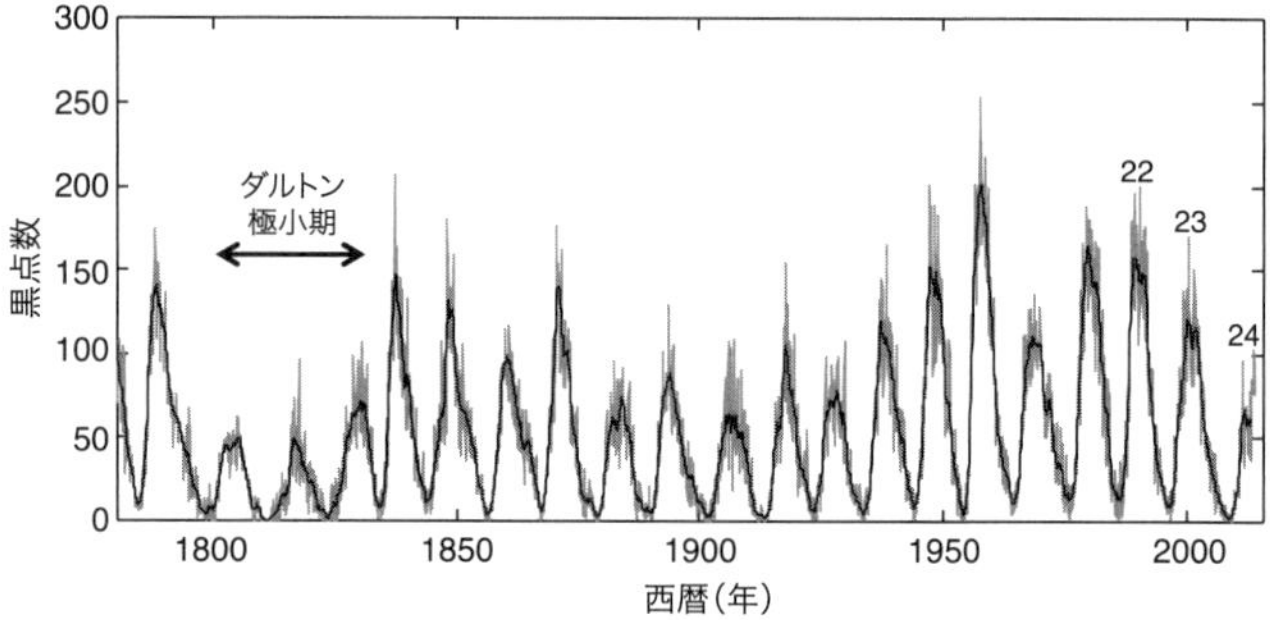

図６－１　黒点数の月平均変動（灰色線）と年平均変動（黒線）　第23太陽周期（サイクル23）は太陽周期が12.7年に伸びた。WDC-SILSOのデータをもとに作成。

た記憶があります。１９９６年の極小期とそれほど変わらないだろうと予想されていた日射量も、１９９６年に比べて大きく落ち込んでしまい、２００９年には太陽風も観測史上最低レベルになり、そして２０１０年の初めには、宇宙線の強度が史上最強のレベルに到達しました。それまでの記録をさらに６％も塗り替えるほど急激に宇宙線が増加したのです。これほどまでの太陽活動の低下は誰も予想できていませんでした。

２００８年12月に開始したサイクル24は、結局２０１４年４月に極大を迎えましたが、やはり黒点数は通常よりも大幅に落ち込んだものとなりました（図６－１）。２００８年の時点で、２０１４年に現れるであろう黒点の素となる極域の磁場の強度データが取得されましたが、そのときすでに前サイクルの半分程度でしたので、

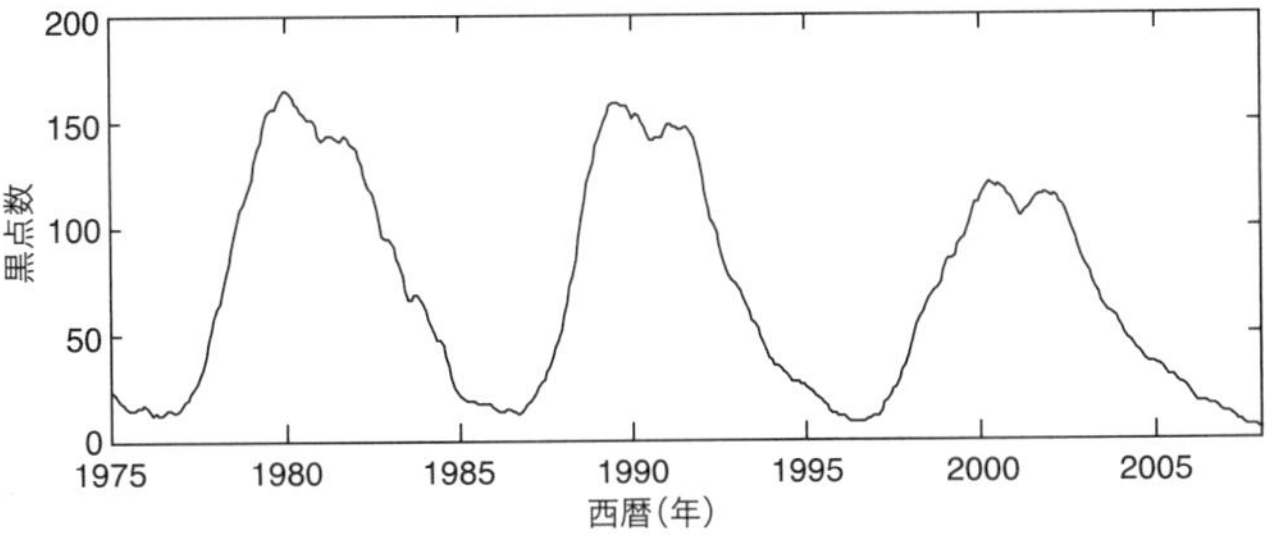

図6-2　第21太陽周期（サイクル21）以降の黒点数変動　黒点数が極大になるピークが二山構造となっている。WDC-SILSOのデータをもとに作成。

サイクル24の黒点数のピークが低くなることは、実は2008年の時点でほぼ決定的になっていたのです。サイクル24のピークは、19世紀初頭のダルトン極小期ほどの黒点数の低さにはなりませんでしたが、それでも100年前に太陽活動が異常に低下したときと同じ程度に低下しています。

マウンダー極小期が再来するかどうかのカギ

今後太陽活動はどうなっていくのでしょうか。2012年、太陽の極域の磁場の観測をしていた「ひので」衛星から興味深いデータが得られました。太陽の南北半球で活動にずれが見えているというものです。太陽の活動には、北半球と南半球で数カ月〜1年程度のずれが見られます。黒点数の極大のピークが、図6-2のようにわずかながらふたつの山からなるような構造に見えるのは、北半球と南半球で黒点数が最大になる時期が前後するところに原因が

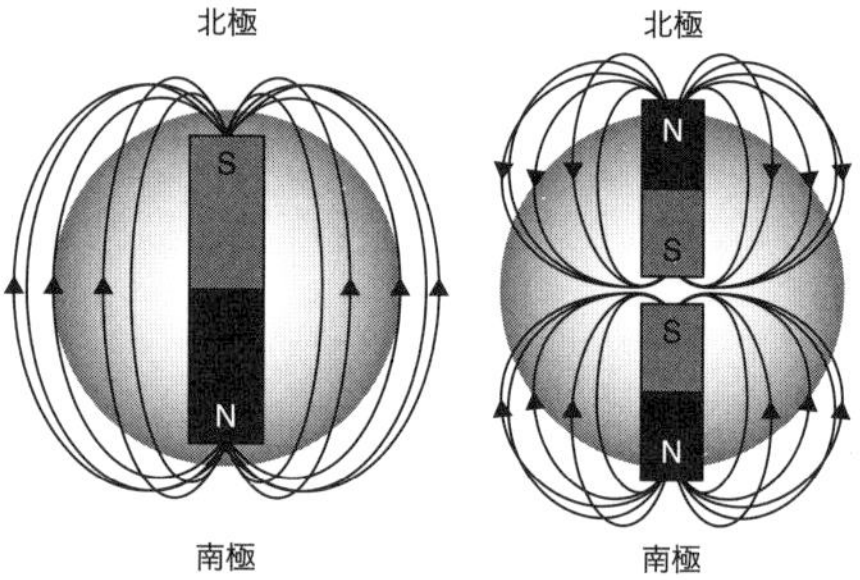

図6－3　**太陽磁場の構造**　太陽磁場は通常双極子型であるが、磁場反転の際には南北半球で反転のタイミングがずれるため右のような四重極構造となる。

あります。この北半球と南半球のサイクルがずれるという現象は、大なり小なりどのサイクルでも見られ、その際、片方の極の磁場が反転してからもう片方の極の磁場が反転するまでのあいだ、太陽の磁場は特異な四重極構造となります（図6－3）。

第2章二節に書いたように、N極が蓄積している極域に黒点形成にともなって現れたS極が接近し、N極をキャンセルし、その後S極が蓄積していくことによって磁場の反転が起こります。もう片方の半球ではそれとは逆の磁場が蓄積して反転が起こります。サイクル24では、北極が先に反転し、図6－3右のような構造になりました。しかも反転のタイミングは予想されていたよりも遅いものとなり、また北半球が反転してから南半球が反転するまで、通常より長い時間を要しました。

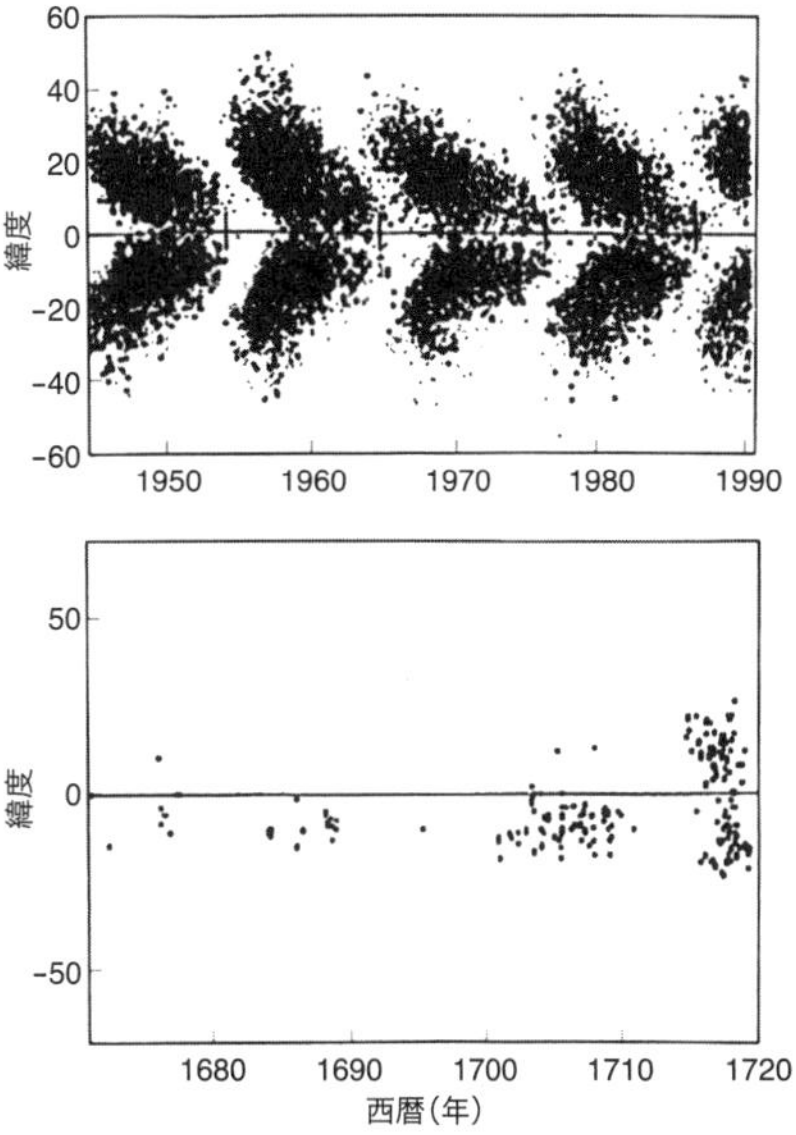

図6-4　黒点が現れる緯度の変化を示したバタフライ・ダイアグラム　太陽周期の開始にともなって高緯度から黒点が現れはじめ、次第に赤道付近に移動する。マウンダー極小期に残されたスケッチからは、南半球に黒点が集中しており南北非対称性が強くなっていたことが示されている。Ribes & Nesme-Ribes, *A & A*, **276**, 549, 1993 reproduced with permission ©ESO

この状況は南北半球の非対称性が大きくなっていることを意味しています。南北半球で非対称性が大きくなることは、マウンダー極小期の太陽に特徴的なものとして知られています。マウンダー極小期では、なぜか南半球にばかり黒点が現れていたというスケッチが残されているのです（図6-4）。黒点で生じたふたつのペアの磁極のうち、極域に運ばれないほうの磁極が赤道域に移動し、南北半球からそれぞれ運ばれてきたN極とS極の磁極どうしでキャンセルし合いますが、南北半球での活動周期のずれが大きくなると、余ってしまった磁極が極域へと運ばれてしまい、極域の磁場の強度が減少してしまうことが予想されます。極域に蓄積される磁場が、次の活動周期の黒点の素ですので、太陽活動の低下につながるのです。このような乱れが、マウンダー極小期に至る過程に関わっているのではないかと考えられます。

極域の太陽磁場の変動の謎を解くという観点では、ひので衛星のように、非常に感度の高い望遠鏡を搭載して宇宙から太陽を観測する観測装置がとても重要になってきます。地上からでは、大気の密度ゆらぎの影響を受けて精密な観測ができないのです。いま太陽にどのような異変が起こっているのかを診断するうえでは、太陽表面の振動パターンから太陽内部の変動を診断することのできる「日震学」という学問も今後ますます重要になっていくでしょう。

もうひとつの手がかりは、周期の長さの傾向です。2014年を過ぎたとき、黒点数がどれくらいの時間をかけて減っていくかに注目が集まりました。もし全体的にタイミングが遅れ続けて、1996年6月に始まって2008年12月に終わったサイクル23と同じように、あるいはそれ以上に周期の長さが伸びたとすると、太陽活動はますます低下していくと予想されました。逆に、黒点数がすばやく減少してサイクル24の長さが短くなり、サイクル25がすばやく開始した場合には、太陽活動がふたたび長期的に活発な状態に戻っていく可能性が高まると考えられました。

２０１４年の本書の初版出版後、サイクル24は結局２０１９年12月に終了しました。２００８年12月から数えてきっかり11年後のことでした。太陽がこれほどこれほどまでに正確なリズムを刻んだことは、かえって意外な展開のように感じられました。サイクル24の終わり頃に出された太陽活動の予測では、サイクル25は、サイクル24と同じくらいの不活発さか、それよりもやや低くなるというのが大方の見方でしたが、２０２２年現在、黒点が予想されていたよりも少しだけ速いペースで増えていることもあって、またもやさまざまな予測が入り乱れている状況になっています。私たちがいかに太陽のことを理解できていないかを思い知らされます。

太陽活動は回復に向かっているのでしょうか。それとも低迷を続けるのでしょうか。あるいはさらなる低下を前にひと休みしているだけなのでしょうか。しばらくは太陽から目が離せない状況が続きそうです。いずれにしてもいまは数百年に1度の珍しい状態を目撃する貴重な機会です。最先端の望遠鏡による観測で、多くの物理がわかってくると期待されます。

地球への影響

さて、もし太陽活動がこのまま低迷を続けると、地球にはどのような影響が生じるのでしょうか。いくつかの影響が考えられます。ひとつ挙げられるメリットとしては、第1章四節に書いたような、太陽フレアによって生じる宇宙利用への障害や宇宙天気災害は、比較的少ない状態が続くだろうということです。一方で、南極の氷の層に残されている、太陽フレアによって生じる成分の分析によれば、マウンダー極小期でも比較的大規模な太陽フレアが10〜数十年に1度ほど発生していたようですので、黒点が少なくなっても宇宙天気災害が完全にゼロになるわけではありません。いずれにしても宇宙利用は今後も増えて、ますます宇宙天気の影響を受けやすい社会へと変わっていくでしょうから、太陽フレアに対する警戒は必要です。

一方で、銀河宇宙線は長期的に線量が高い状態が続きます。これは宇宙利用に関して、かなり不利な状況となります。たとえば宇宙飛行士が宇宙に長期滞在するような場合——月面に長期的に滞在したり火星に向かったりする場合——には、宇宙で活動できる時間数が10〜数十％減少することになります。第2章二節でも触れましたが、火星に行く場合は、往復するだけで、宇宙飛行士が一生涯に浴びてもよい放射線の許容量に近い量を被ばくします。宇宙開発は放射線が一番のネックなのです。

気になる気候への影響はどうでしょうか。実は、太陽活動が記録的な低下を示した2008年12月からしばらくして、世界各地で100年ぶりの最低気温の更新が頻発しました。ワシントンに記録的な大雪が降って首都機能がマヒしたり、日本では富士山の初冠雪が１００年ぶりの記録を更新したり、あるいは１００年ぶりという記録的な豪雨が発生したりしました。梅雨時期に発生した豪雨はまさに、マウンダー極小期に宇宙線が記録的に増えたときに発生した現象と似通っています。そのほか、春先に季節外れの大雪が降り、満開の桜の上に雪が降り積もるというような景色も目にしました。現時点ではこういった現象も、太陽活動と気候の相関のひとつでしかありませんが、やはり何かしらすでに影響が出ているのではと見ることもできるでしょう。

そして今後もし太陽活動がさらに低下することがあれば、一時的ではありますがさまざまな影響が見られるだろうと考えられます。ただし、温室効果ガスの増加や都市化の影響など、人間活動との影響を切り分けるのは非常に難しいといえます。ひとつには、荷電粒子の影響は、日射の影響とは違って単純にほかの影響と必ずしも足し算や引き算では換算できないところに原因があります。温暖化によって海水温が高くなり、より多くの水蒸気、つまり雲の材料が上空に運ばれた場合は、荷電粒子への感度が高まる可能性が考えられますし、人間活動によって工場や車などからさまざまな微量成分が大気中に放出されることによって、荷電粒子の作用が変わってしまうことも予想されます。宇宙線が降水を促進する場合もありますので、豪雨などの起こりやすさに影響してくる可能性もあります。これからもし太陽活動が大きく変わってしまった場合には、とくに降水活動の変化に注意が必要になってくるでしょう。長期的な温暖化に向けた対策ももちろん必要ですが、10～数十年スケールのアップダウンに関しても、やはりしばらく注視が必要です。

二　天気予報は変わるか

宇宙天気と天気

宇宙線が日々の天気といった短期的なスケールで影響する可能性についても見ておきましょう。第1章四節で書いたように、太陽活動にともなって地球周辺の宇宙空間の環境は乱れます。その状態のことを宇宙天気と呼び、そして、それを予報することを「宇宙天気予報」と呼んでいます。宇宙天気の長期的な状態が地球の気候にとって重要であることは第5章までに見てきました。それでは、宇宙天気のように数日単位で変わる宇宙の環境は、地球の日々の天気には影響していないのでしょうか。

太陽活動、あるいは宇宙天気の変動で比較的短い周期のものとして、27日周期変動があります。これは、太陽の自転に関係しているもので、太陽が約27日の周期で自転するために巨大な黒点が地球側を向くタイミングがおよそ27日に1回訪れたり、あるいはその影響で約27日ごとに太陽フレアが地球側で起こりやすくなったりすることによるものです。第1章三節でも触れたように、黒点の寿命は数日から長くても数十日ほどですが、いつも同じ経度で活発になりやすいという傾向を持っています。ですから、黒点の寿命が尽きて消えたとしても、またその付近に新しい黒点が現れます。そのため長期的に見ても27日周期が継続されるのです。

この27日周期が日々の天気にも影響しているかもしれないという研究が、いま少しずつ進みつつあります。私も研究グループに加わって2008年頃から研究を始めました。大きなきっかけとなったのは、2004年から2005年にかけて名古屋大学や東北大学のグループが相次いで発見した雷活動の27日周期です。乗鞍岳で宇宙線を観測していた名古屋大学のグループは、時折、データに特徴的なノイズが現れることに気づきました。くわしく調べていくうちに、それが雷活動に関係していることがわかり、その周期を調べてみたところ、27日周期が強く現れていることを発見したのです。ほぼ時を同じくして、南極基地で全球の雷を観測していた東北大学のグループも、雷活動に27日周期があることを発見しました。

27日周期というと、月の重力によって起こる潮の満ち引きの周期に似ていますが、雷活動に発見された27日周期には、11年周期の太陽活動の極大と極小で明らかな違いが見られました。もし月の潮汐力が雷活動に影響していたのだとすれば、11年周期の影響はそれほど明確には見られないはずです。

雷活動に27日周期が発見されたことを受けて、私たちは東北大学（現在は北海道大学）のグループと共同研究を始めました。するとインド洋から西太平洋にかけて、積雲活動に強い27日周期が見られることがわかってきました。しかも、こちらもやはり太陽活動の11年周期の極大と極小で大きな違いが見られます。雲の27日周期の変動は、太陽活動が活発になり黒点がたくさん現れるときにしか起こらないのです。この雷活動や積雲活動に見られる27日周期は、どのようにしてもたらされているのでしょうか。

太陽フレアと宇宙線のフォーブッシュ減少

ひとつの可能性は、フォーブッシュ減少と呼ばれる宇宙線量の減少です。第2章二節でも触れましたが、太陽フレアが地球側で発生して強い磁場が地球を通過すると、一時的に地球に降り注ぐ宇宙線の量が減少します。これがフォーブッシュ減少で、太陽フレアが起こってから2～3日後に始まり、数日間続きます。フォーブッシュ減少と雲量との関係性を探っていたスベンスマルクらも、大きなフォーブッシュ減少の数日後に全球平均の雲が減っていることを示しています。ただし、実際には、雲量が減る度合いに大きな地域差があると予想されます。

実は赤道域では、積雲活動に30～60日程度の周期的な変動があることが1970年代から知られていました。しかし、その周期長が何によって決まっているかについては、未解明のままになっています。積雲活動は、アフリカ大陸の赤道域やインドネシアなどでスタートして東に向けて進むことが知られています。そしてその後、世界各地に影響が伝搬します。アフリカ大陸の赤道域やインドネシアは、太陽光によって地面が強く熱せられているので強い上昇気流が発生しやすい状態にありますし、近くに水蒸気の源となる水温の高い海もあります。ですから、積乱雲が発達しやすいのです。くわしくは第4章二節に書きましたが、赤道域は植物プランクトンも多く生息していますので宇宙線への感度を高める硫酸エアロゾルの素が大量に大気中に放出されています。積乱雲自体を1からつくることは宇宙線にはもちろんできませんが、上空に巻き上げられた水蒸気の凝結を手助けしたり、あるいは雲粒の成長を促進させて降水を助けたりすることで雲量や大気循環の周期性をコントロールしている、という可能性は考えられます。

アフリカは、北米のハリケーンのもととなる雲活動が最初に生まれる場所という報告もされています。世界で一番対流活動が活発なアフリカが非常に重要な場所であることは間違いないでしょう。

積雲活動の、30〜60日周期という変わりやすい周期自体も、実はフォーブッシュ減少でなら説明することが可能です。黒点は太陽の自転にともなって規則的に地球側を向きますが、太陽フレアが起こるタイミングはいつも同じとは限りません。黒点が少し東側にあるときに起こったり、あるいは西側で起こったり、27日周期から数日程度タイミングがずれることが多々あります。加えて、黒点が地球側を向いたとしても、必ずしも太陽フレアが起こるわけではありません。1周目は何事もなく太陽の裏側に消えていった黒点が、ふたたび地球側に現れてきて太陽フレアを起こすこともあります。その場合は宇宙線変動に27日周期ではなくて54日周期が現れます。大規模な太陽フレアの間隔が開くと81日周期というような長い周期成分も現れてくることがありま す。赤道域で観測されている30～60日周期という不安定な周期性をちょうどカバーできるのです。実際に赤道の雲のデータには27日周期と54日周期が強く現れています。

天気予報につながるか？

雷活動や雲活動になぜ太陽の自転の27日周期が生まれるのか。その詳細なメカニズムはこれから解明していかなければなりません。現在のところわかっているのは、太陽の自転の影響が、宇宙線あるいは何らかの変動を介して、赤道域の積乱雲の発達に影響しているらしいというところまでです。問題は、どこで、どのようにして、あるいはどういう条件のときに太陽の自転周期の影響が現れるのかということです。太陽活動がより長期的な気候に影響するのも、結局はそういった数日単位での影響の積み重ねによって生じているという見方をすることもできるでしょう。まだまだ解明しなければならないことは山積みですが、もし宇宙線が気象に影響するプロセスが明らかになってきた場合には、将来的には天気予報が大きく変わってくる可能性をも秘めています。

天気のうち数十日の成分は、実はかなり重要な部分を占めています。振幅がとても大きいのです。簡単に言い換えてしまえば、晴れの日と雨の日のサイクルが数十日の周期でやってくるということになります。あるいは雷が数十日ごとに発生するということです。もしその周期性の原因に太陽の自転の影響が多分にあるのだとしたら、天気〝予報〟へのインパクトはかなり大きなものになります。ひょっとしたら長期的な天気予報が実現する可能性もあるのです。さきほども書いたように、太陽にはアクティブ・ロンジチュードと呼ばれる、常に活発になりやすい経度があります。地球に例えると、常に日本のあたりで黒点が出やすくなっているようなものです。これは、長期的な予報を視野に入れるうえでとても大きな利点です。同じ経度で黒点が現れやすいということは、確実に27日に1回、黒点が地球側を向きやすくなり、そして太陽フレアが地球側で起こりやすくなるということにほかなりません。それ以外のときは、太陽フレアが発生しても、そこから出てくる磁場やプラズマの塊は、地球とは別の方向に飛んでいくことになります。実際には、太陽フレアが発生するタイミングが数日ずれたりしますので27日周期に多少のずれが発生しますが、基本的には27日周期が継続することになります。ですから、たとえば半年先の晴れの日と雨の日のサイクルが予想できるようになるかもしれないという可能性すら秘めているのです。

得られ始めた太陽フレア予報への手がかり

現時点での宇宙天気予報では、黒点の発生や太陽フレアの発生を正確に予測することはできていません。太陽フレアが発生してしまった場合に、そのフレアから放出された磁場やプラズマがどの程度の強度でいつ地球に到達するかということに関しては、非常によい精度で予測が可能になりつつあります。スーパーコンピュータのおかげです。第1章四節でも触れましたが、気象への影響以前に、宇宙天気災害を防ぐという意味でも、宇宙天気予報は非常に重要です。太陽フレアで発電所や送電網が影響を受けてしまった場合には、経済的なダメージもかなり大きなものになります。

宇宙天気予報の目下の課題は、太陽フレアの発生のタイミングを正確に予測することです。非常に難しい課題ですが、最近少し光が見えつつあります。名古屋大学の草野完也教授らのグループが、太陽フレアを起こしやすい微細な磁場構造を発見したのです。太陽フレアは、太陽表面に浮上してきたいくつかの磁力線が互いに作用しあうことによって発生しますが、相互作用の強さなどが磁力線の形状や互いの向きの角度などによって異なってきます。磁力線がどのような構造になったときに太陽フレアが発生するか、という発生直前の状態がより鮮明に理解されてきたことによって、太陽フレア予測の実現は大きく近づいてきているのです。

太陽フレアの発生予測が実現するまでのあいだは、さきほど書いたように、太陽フレアが発生してしまったあとに、その伝搬などを数値計算することによって、地球への影響がいつ頃出るかを予測し、ある程度対処することになります。平均的には2日ほど時間の猶予がありますので、そのあいだに宇宙天気災害の被害を軽減できるよう対策を立てます。気象への影響も、その2日ほどのあいだに予測して対策を練ることになるでしょう。前述のとおり、気象に関してはおそらくは赤道域が最初に影響を受け、その後その影響が全球に伝わっていく可能性が高いと考えられます。赤道域から日本に影響が伝搬してくるまでには、数日以上、最大で2週間ほどかかりますから、それだけの猶予があります。

天気予報を見ていると西から雲が日本に流れてきているのがわかりますが、その大もとのさらに大もとをたどると、宇宙にいきつくかもしれません。

参考文献

◆宇宙の概観や星の進化、太陽系外惑星探査について
福江潤、粟野諭美『宇宙はどこまで明らかになったのか―太陽系の誕生から第二の地球探し、ブラックホールシャドウ、最果て銀河まで』ソフトバンククリエイティブ（二〇〇七年）
◆太陽活動の概要や地球への影響について
ジョン・エディ『太陽活動と地球―生命・環境をつかさどる太陽』（上出洋介、宮原ひろ子 訳）丸善出版（二〇一二年）
上出洋介『太陽と地球のふしぎな関係―絶対君主と無力なしもべ』講談社（二〇一一年）
常田佐久『太陽に何が起きているか』文藝春秋（二〇一三年）
宮原ひろ子『太陽ってどんな星？』新日本出版社（二〇一九年）

◆気候変動のしくみや古環境復元のしくみについて
吉﨑正憲、野田彰ほか編『図説　地球環境の事典』朝倉書店（二〇一三年）

◆小氷期が社会に与えた影響について
ブライアン・フェイガン『歴史を変えた気候大変動』（東郷えりか、桃井緑美子　訳）河出書房新社（二〇〇一年）
田家康『気候で読み解く日本の歴史―異常気象との攻防1400年』日本経済新聞出版社（二〇一三年）

◆宇宙気候学のよりくわしい解説について
ヘンリク・スベンスマルク、ナイジェル・コールダー『〝不機嫌な〟太陽―気候変動のもうひとつのシナリオ』（青山洋　訳、桜井邦朋　監修）恒星社厚生閣（二〇一〇年）

◆地球史の概観について
丸山茂徳、磯崎行雄『生命と地球の歴史』岩波書店（一九九八年）
川上紳一、東條文治『図解入門　最新地球史がよくわかる本―「生命の星」誕生から未来まで』秀和システム（二〇〇九年）
田近英一　監修『地球・生命の大進化―46億年の物語』新星出版社（二〇一三年）

◆宇宙における生命の起源について
滝澤美奈子『アストロバイオロジーとはなにか―宇宙に、生命の起源と、地球外生命体を求める』ソ

フトバンククリエイティブ（二〇一二年）
山岸明彦 編『アストロバイオロジー―宇宙に生命の起源を求めて』化学同人（二〇一三年）
小林憲正『生命の起源―宇宙・地球における化学進化』講談社（二〇一三年）

◆図について

Bond, G., Kromer, B., Beer, J., Muscheler, R., Evans, M. N., Showers, W., Hoffmann, S., Lotti-Bond, R., Hajdas, I. & Bonani, G. (2001). Persistent solar influence on North Atlantic climate during the Holocene. *Science*, **294**, 2130-2136.

Butler, R. F. (1992). *Paleomagnetism: Magnetic Domains to Geologic Terranes.* Blackwell Scientific Publications, Boston, MA.

Eddy, J. A. (2009). *The Sun, The Earth, and Near Earth Space: A Guide to the Sun-Earth System.* NASA Publication.

Hoeksema, J. T. (1995). The Large-Scale Structure of the Heliospheric Current Sheet during the Ulysses Epoch. *Space Science Reviews*, **72**, 137-148.

Hoyt, D. V. & Schatten, K. H. (1998). Group Sunspot Numbers: A New Solar Activity Reconstruction. *Solar Physics*, **181**, 491-512.

Kataoka, R. Ebisuzaki, T., Kusano, K., Shiota, D., Inoue, S., Yamamoto, T. T. & Tokumaru, M. (2009). Three-dimensional magnetohydrodynamic (MHD) modeling of the solar wind structures associated with 13 December 2006 coronal mass ejection. *Journal of Geophysical Research*, **114**, A10102, DOI: 10.1029/2009JA014167.

Kataoka, R., Miyahara, H. & Steinhilber, F. (2012). Anomalous 10Be spikes during the Maunder

Minimum: Possible evidence for extreme space weather in the heliosphere, *Space Weather*, **10**, S11001.

Kazil, J., Lovejoy, E. R., Barth, M. C. & O'Brien, K. (2006). Aerosol nucleation over oceans and the role of galactic cosmic rays. *Atmospheric Chemistry and Physics*, **6**, 4905-4924.

Kota, J. & Jokipii, J. R. (2001). 3-D modeling of cosmic-ray transport in the heliosphere: Toward solar maximum. *Advances in Space Research*, **27**(**3**), 529-534.

Laskar, J., Robutel, P., Joutel, F., Gastineau, M., Correia, A. C. M. & Levrard, B. (2004). A long term numerical solution for the insolation quantities of the Earth. *Astronomy & Astrophysics*, **428**, 261-285.

Medvedev, M. V. & Melott, A. L. (2007). Do extragalactic cosmic rays induce cycles in fossil diversity? *The Astrophysical Journal*, **664**, 879-889.

Obrochta, S. P., Miyahara, H. & Crowley, T. J. (2012). A re-examination of evidence for the North Atlantic “1500-year cycle” at Site 609. *Quaternary Science Reviews*, **55**, 23-33.

Petit, J. R., Jouzel, J., Raynaud, D., Barkov, N. I., Barnola, J. M., Basile, I., Bender, M., Chappellaz, J., Davis, J., Delaygue, G., Delmotte, M., Kotlyakov, V. M., Legrand, M., Lipenkov, V., Lorius, C., Péin L., Ritz, C., Saltzman, E. & Stievenard, M. (1999). Climate and Atmospheric History of the Past 420,000 years from the Vostok Ice Core, Antarctica. *Nature*, **399**, 429-436.

Ribes, J. C. & Nesme-Ribes, E. (1993). The solar sunspot cycle in the Maunder minimum AD1645-to AD1715. *Astronomy & Astrophysics*, **276**, 549-563.

Schüssler, M. (2005). Is there a phase constraint for solar dynamo models? *Astronomy & Astrophysics*, **439**, 749-750, DOI: 10.1051/0004-6361:20053459.

Shaviv, N. & Veizer, J. (2003). Celestrial driver of Phanerozoic climate? *GSA Today*, **13**, 4-10.

Steinhilber, F., Abreu, J., Beer, J., Brunner, I., Christl, M., Fischer, H., Heikkila, U., Kubik P., Mann, M., Miller, H., Miyahara, H., McCracken, K. G., Oerter, H. & Wilhelms F. (2012). 9,400 years of cosmic radiation and solar activity from ice cores and tree rings. *Proceedings of National Academy of Science*, **109**, 5967-5971. DOI: 10.1073/pnas.1118965109.

Stuiver, M., Reimer, P. J. & Braziunas, T. F. (1998). High-precision radiocarbon age calibration for terrestrial and marine samples. *Radiocarbon*, **40(3)**, 1127-1151.

Usoskin, I. G., Solanki, S. K. & Kovaltsov, G. A. (2007). Grand minima and maxima of solar activity: new observational constraints. *Astronomy & Astrophysics*, **471**, 301-309. DOI: 10.1051/0004-6361:20077704.

Vsekhsvjatsky, S. K. (1963). The Structure of the Solar Corona and the corpuscular streams. In Evans, J. W. (Ed.), *The Solar Corona*, IAU Symposium 16, Academic Press: New York, p. 271.

Yamaguchi, Y. T., Yokoyama, Y., Miyahara, H., Sho, K. & Nakatsuka, T. (2010). Synchronized Northern Hemisphere climate change and solar magnetic cycles during the Maunder Minimum. *Proceedings of National Academy of Science*, **107**, 20697-20702.

あとがき

地球の複雑な気候変動や地球史上の未解決の大事件は、どこまで、地球の外＝宇宙からの影響で解明できるのでしょうか。宇宙気候学では、そのような問いに答えるため、地球を取り巻く太陽圏環境やそれを支配する太陽の物理、そして太陽圏を取り巻く宇宙環境の変動の解明に取り組んでいます。そして宇宙と地球とをつなぐ宇宙線の役割を解き明かそうとしています。地球を、銀河系のシステムに組み込まれているひとつの要素という大きな視点でとらえ直すことで、地球でこれまでに起こったさまざまな現象の理由が明確に見えてくる可能性がありますし、さらには、今後の地球の変動をより正確に予報できるようになる可能性をも秘めています。そういう意味で、宇宙気候学は私たちの社会に大きな利点をもたらす分野でもあります。宇宙環境の予測を気候や気象の予報に組み込むことができるようになるまでにはまだまだ時間がかかりそうですが、ここ数年で宇宙気候学を取り巻く学問は大きく前進しつつあり、状況は今後10年で大きく変わっていくだろうと思われます。この、芽が出たばかりの学問について、少しでも興味を持っていただけたらという気持ちで本書の執筆を進めました。

私は2013年より活動の場を武蔵野美術大学に移しました。宇宙や物理や地球史の授業を受け持ちながら、傍らで宇宙気候学の研究を進めています。2年目となった2014年からは、研究に興味を持ってくれた〝芸術家の卵〟の学生さんたちがアシスタントをしてくださることになり、研究のスピードも格段にアップしました。普段鉛筆を削り慣れている美大生にとっては、屋久杉の年輪削りはお手のもののようです。また、ものづくりのプロでもあるので、リーズナブルにかつ効率よく作業を進めるにはどうしたらよいかという知恵やアイディアにも溢《あふ》れていて、非常に心強い再スタートとなりました。

本学の油絵学科には、小氷期の絵画としてよく引用されるブリューゲルの専門家がおられ、興味深い話を聞く機会に恵まれました。人が外から帰宅したときに目に映る人間の肌の色が、その時代の気候に応じて変わるというものです。寒い時代には、人間の頬が暖色に、暖かい時代には頬の色が緑がかった暗い色に見えるというのです。時代によって、あるいは国によって、気候の変化がそのようにして絵画にも色濃く反映されるということを知り、その向こうには宇宙の環境の変化があったであろうことを想い、そのつながりに思いを馳せていました。
気候の変化は、食料生産などにも大きく影響しますから、社会にももちろん大きなインパクトを与えます。日々の生活で宇宙を意識することはほとんどありませんが、でも日々の天気の中には確かに宇宙のリズムがあり、その影響を受けて私たちは生活しているのです。変化に弱い人間社会が受ける影響は、よいものばかりとは限りません。宇宙の研究を進めることで、社会に貢献できれば、と考えています。

本書の内容は、その多くが、私が幸運にも参加の機会をいただいた学際的な研究の成果に基づいています。その研究を進めるにあたっては、非常に多くの先生方に多大なご助力を賜りました。この場を借りて心より感謝申し上げます。とくに、名古屋大学の村木綏名誉教授、東京大学の横山祐典准教授（現在は教授）、名古屋大学の草野完也教授、山形大学の櫻井敬久名誉教授、弘前大学の堀内一穂助教（現在は准教授。資料も提供していただきました）、宇宙開発研究機構・宇宙科学研究所所長の常田佐久教授（現、国立天文台台長）、総合地球環境学研究所の中塚武教授（現、名古屋大学教授）、東京工業大学の丸山茂徳教授（現在は名誉教授）、理化学研究所の戎崎俊一主任研究員、北海道大学の高橋幸弘教授、米航空宇宙局・ゴダード宇宙飛行センターのRobert F. Cahalan博士（現在は名誉研究員）には、多大なるご指導をいただきました。

重ねて深く感謝申し上げます。私が専門としていない項目の執筆に際してご協力をいただいた、国立極地研究所の片岡龍峰准教授と名古屋大学の塩田大幸特任助教（現、情報通信研究機構主任研究員）、資料を提供してくださった大阪府立大学の青野靖之准教授（現、大阪公立大学准教授）、下条博美氏、挿絵を提供してくださった武蔵野美術大学の田中仁さん、谷口和音さん（現在はご卒業）にもこの場を借りて感謝申し上げます。宇宙気候学は、まだまだ発展途上で未解明な点が多い学問ですが、それにもかかわらず、今回、現状や今後の展望などを書く機会をいただいたことに、深い感謝の意を表します。執筆に際して多大なご助力をいただきました化学同人の津留貴彰氏にも、心より御礼申し上げます。

2014年6月

宮原ひろ子

世の中には
ふしぎなことが
たくさんある
ぼくたちはとっても
無知なんだ

文庫版あとがき

２０２２年の夏、８年前に出版した本書の文庫化のお話をいただき、改めて内容を読み返しました。あとがきにて、「宇宙気候学の状況は、今後10年で大きく変わっていくだろう」と、なかば期待を込めて書いていましたが、今後もまだしばらくは謎解きが続きそう、というのが率直な実感です。

この間、欧州原子核研究機構（ＣＥＲＮ）でのＣＬＯＵＤ実験（第4章二節参照）によって、宇宙線がつくるイオンが雲の核の形成に果たす役割については格段に理解が進んできました。どのような物質が存在すると宇宙線の影響が出やすくなるかや、具体的にどれほどの雲の核をつくるのか、といったようなことは定量的に明らかになってきました。ただ、そのようにして増えた小さな雲の核が、その後、大きなサイズの雲粒をどれほど増やすことができるのかや、それが本当に気候を変えられるほどの量なのか、といったあたりについては、残念ながらまだよくわかっていません。

一方で、太陽活動が結果としてどのような影響を気候や気象に与えるかについては、この8年でさらに理解が深まってきました。たとえば、11年周期については、地球自身が持つ変動との分離が難しい時間スケールであることもあり、第4章一節で触れたマウンダー極小期のような特異な時代でなければ影響を明確に捉えることができない可能性もあると考えていましたが、現代においても、海水温や気圧の変化に11年周期の影響が明確に現れていることがはっきりとしてきました。

私自身もこの間、太陽活動の気象への影響についてのさらなる手掛かりを求め、日本の雷の記録や人工衛星で観測された雲のデータの解析を進めてきました。そのうち、雷についての研究からは、ひとつ興味深い発見がありました。第3章一節でもご紹介したように、日本には、古い時代の日記がたくさん残されています。そして、その中には、雷の記録も多く含まれています。たとえば、弘前藩庁日記には、江戸時代の約200年分もの雷の記録が残されているのです。そのことを知り、その雷の記録に第6章二節でご紹介した27日周期の痕跡が残されていないかを調べてみました。すると、太陽の活動が活発になればなるほど、27日周期のリズムが雷の活動に強く現れることがわかったのです。赤道だけではなく日本の天気も、太陽の影響を日々受けていることを意味しています。そしてつい最近、第4章二節で触れた、宇宙線の影響を受けやすいホットスポットについても、さらなる手掛かりが得られ始めました。〝犯人探し〟

に一歩近づいたかなといったところです。天気予報に宇宙線の影響を組み込むにはまだ何段階も研究を進めていく必要がありますが、ぜひ今後の進展を楽しみにしていただければと思います。

宇宙線に27日周期をもたらす太陽フレアは、第1章四節でご紹介したように、宇宙機のトラブルや宇宙飛行士の放射線被ばくの原因ともなります。ここ数年で、人類がふたたび月へと向かう準備が着々と整いつつあり、太陽フレアの予測は以前にも増して重要になってきています。２０２２年5月には、太陽フレアやその影響を予測する宇宙天気予報の強化が専門家によって提言されました。宇宙の天気は、今後ますます私たちにとって身近な話題となっていくことでしょう。

２０２２年8月

宮原ひろ子

本書は、二〇一四年八月に刊行された『地球の変動はどこまで宇宙で解明できるか——太陽活動から読み解く地球の過去・現在・未来』を加筆・修正し文庫化したものです。

宮原ひろ子　みやはら・ひろこ
埼玉県生まれ、長崎県育ち。名古屋大学大学院理学研究科素粒子宇宙物理学専攻博士課程修了。博士（理学）。東京大学宇宙線研究所などを経て、現在、武蔵野美術大学教養文化・学芸員課程研究室教授。専門は、宇宙線物理学、太陽物理学、宇宙気候学。
平成 24 年度文部科学大臣表彰若手科学者賞、第 31 回講談社科学出版賞、第 1 回米沢富美子記念賞を受賞。

DOJIN
BUNKO

地球《ちきゅう》の変動《へんどう》はどこまで宇宙《うちゅう》で解明《かいめい》できるか
太陽活動《たいようかつどう》から読《よ》み解《と》く地球《ちきゅう》の過去《かこ》・現在《げんざい》・未来《みらい》

2022 年 12 月 5 日第 1 刷発行

著者　宮原ひろ子
発行者　曽根良介
発行所　株式会社化学同人
600-8074　京都市下京区仏光寺通柳馬場西入ル
電話　075-352-3373(営業部)／075-352-3711(編集部)
振替　01010-7-5702
https://www.kagakudojin.co.jp　webmaster@kagakudojin.co.jp
装幀　BAUMDORF・木村由久
印刷・製本　創栄図書印刷株式会社

本書のご感想をお寄せください

ISBN978-4-7598-2511-4